PRESENCIA

Denis Roger DENOCLA

PRESENCIA

OVNIS, Círculos en los cultivos y Exocivilizaciones

Ediciones
UMMO WORLD Publishing

Otras publicaciones:

UMMO MUSIC Band :   http://www.ummomusic.com

UMMO MUSIC, IXINAA

UMMO MUSIC, LIKE 2 OEMMIIs

UMMO MUSIC, BEST OF

AGRADECIMIENTOS

Dedico este libro a todos los AIOOYAAO OEMMII GAEOAO.

Deseo expresar mi gratitud a todos aquellos que han tenido la amabilidad de compartir sus comentarios: Ignacio Darnaude, Enrique Villagrasa, J. Barrenechea y Juan Aguirre, André-Jacques Holbecq y sus compañeros del equipo del sitio Ummo Ciencia para la calidad de las fuentes de documentos sin los cuales no habría sido posible obtener estos resultados. Anne Geuens para su enfoque muy YIIE, Manuel Rotaeche por su escepticismo amistoso y constructivo, así como amigos 'listadores' españoles, Jacques Louys por su enfoque poco convencional, Bernard Thouanel por su asesoramiento profesional, los que estaban presentes para formar la base de datos de palabras Ummitas, Alban Nanty, Didier Talmon, Norman Molhant y Jacques Pazel por su conocimiento astronómico, y Tom Sutter, Maurice Osborn por sus ayuda en Crop Circles, Godelieve Van Overmeire y Jean Pollion por su detallados estudios documentales, Michael Vaillant por la confrontación de nuestros puntos de vista, Gilles Brunet, Vincent Morin, Flésia Elio y Daniel Verney por sus personales historias, Davy Hoyau por su espíritu multicreativo ilimitado.

Finalmente quiero expresar muy especialmente mi gratitud a Gérard Pécoul por sus muy astutas indicaciones, Frédéric Morin quien tuvo la amabilidad de compartir sus brillantes relexiones y su profesionalidad, así como a todo el equipo de Morpheus.
Esta lista no puede ser que lo abarque todo, de alguna manera, también estoy pensando en todas las personas con quienes he tenido la oportunidad de discutir durante todos estos años y sobre todo de aquellos que no quisieron ser mencionados.

¿El conocimiento para quién?
¿El conocimiento para qué?

D.R. Denocla

TABLA DE CONTENIDO

Los diferentes tipos de círculos en las cosechas (*)
Presencia de campos electromagnéticos en los Círculos en los cultivos
El propósito de círculos en las cosechas (*)
El riesgo de exterminio de las etnias (*)
El mensaje del Círculos en los cultivos de Crabwood Farm
Las interpretaciones de la palabra alterada
Interpretación del mensaje Crabwood Farm
Identidad de los fabricantes de los círculos en las cosechas (*)
Análisis de la formación de Chilbolton
Configuración de su sistema solar
La firma
Su morfología
Localización de su sistema solar
Exotecnológicas(*) del transmisor-receptor
El rostro asociado al rectángulo de código binario de Chilbolton
Los Herculisians: autores de los Círculos en los cultivos
Fotos originales de los circulos en los cultivos, que se estudiaron (Lucy Pringle)

La actitud de nuestros visitantes
El hallazgo de no invasión bélicos
¿Existe un control de acceso a la tierra?
Las referencias sobre este tema
Clasificación de 18 razas alienígenas
Comentarios sobre algunos grupos étnicos
Tablas de clasificación y fuentes de documentos
El primer aterrizaje Ummita el 28 de marzo 1950
Explicaciones sobre el comportamiento de sus naves espaciales (UEWA)
Nave espacial desaparición en el cielo
La lógica de la censura en el archivo de OVNI
En conclusión
Manifiesto por el reconocimiento de las exocivilizaciones

El universo multi-cosmos
Cosmogonía y cosmología Ummita

Nota del Editor

En mayo de 1988, frente a los miembros del National Strategy Forum, Reagan declaró: ««¿Qué pasaría si todos nosotros, el mundo, descubriéramos que fuimos amenazados por algo que está fuera del cosmos. Un poder desde el espacio exterior, de otro planeta?»

Desde entonces, las declaraciones de los japoneses, chinos, indios, se filtran aquí y allá, diciendo que los seres de otros planetas se han integrado al tejido social de la Tierra. Japón hablará abiertamente acerca de la prevención en caso de invasión extraterrestre. Pero, ¿es una verdadera amenaza? ¿No es la reacción exagerada de una oligarquía que ve un potencial desafío a su poder?

¿Cuál es la mayor amenaza para la humanidad? La locura paranoica del complejo militar-industrial o discretas interferencias extraterrestres que vengan a vernos?

El deseo de controlar la información, la ferocidad con la que se crea una matriz de normalización mundial de cualquier ciudadano común se ve perjudicado por la guerra, un fenómeno que no viene del espacio exterior. Los contactos y los intercambios tienen lugar con los hombres y mujeres comunes, algunos son individuales y muy discretos, otros son de masa, en contacto a través de los círculos de las cosechas comúnmente se llaman Crop Circles, otros están hechos con letras, por correo electrónico o procedimientos más o menos codificados en la web o de otra manera…

La información resultante de estos encuentros da lugar a la difusión de datos exóticos que progresivamente se insinúa, en una escala global sin embargo, a través de la web.
En efecto, existe una interferencia, ya está teniendo lugar, pero sigue siendo ambigua y muy limitada en su alcance. Su incidencia es, sin embargo suficientemente significativa como para afectar a la oligarquía y hacer que reaccione frente a estos indocumentados de un nuevo tipo.

Esperemos que algún día la sabiduría y la razón prevalezca sobre la locura de energía actual. Esperemos que algún día la distribución equitativa de los recursos mundiales garantizará un futuro y dará sentido al término «civilización». Por lo tanto el espacio abrirá sus puertas y los intercambios serán sostenibles y justos, con docenas de grupos étnicos exoplanetarios que nos están viendo y nos visitan desde hace miles de años.

Frédéric Morin

Presentación por el autor

Mi curiosidad comenzó a sentirse atraída por el tema de los ovnis en la década de 1970. Los libros sobre el tema fueron las investigaciones sobre casos concretos o tipos de directorios que aparecen más o menos detallados de los eventos de observación. Las preguntas aún consistían en tratar de saber si el fenómeno se forma en cualquier material o si se debió a los fenómenos psíquicos o si deben ser considerados como paranormales.

Esto no siempre ha sido el caso en el pasado, sobre todo en los Estados Unidos. Justo después de la guerra, el macartismo estaba en su apogeo y todo sospechoso era, probablemente, un comunista. Éste fue también el caso de los ovnis. Se trata de dispositivos derivados de una tecnología secreta soviética, y no pasará mucho tiempo antes de que tengamos nuestras propias manos en ella! De hecho, en julio de 1947, violentas tormentas causaron el accidente de uno o dos dispositivos en suelo americano, y la primera reacción del Ejército fue un comunicado de prensa expresando su satisfacción. Muy pronto, el error se entendió y todos los medios se reunieron para ocultar lo que fue el verdadero origen de las naves.

La autoridad y la soberanía del territorio americano debían ser preservadas. A raíz de estos accidentes, el secreto a voces enormes será celosamente guardado por todos los interesados, a pesar de todo... Durante cuarenta años la mayoría de las historias que circularon y el amasijo de confusiones, son aún, las más atroces. Tuvimos que esperar hasta la década de 1990 para que el tema volviera a ser lo que siempre debió haber sido: un tema científico. Un investigador, Auguste Meessen, fue quien formuló la hipótesis de que los OVNIs eran naves utilizando la tecnología magneto hidrodinámica (*) y un otro, Jean-Pierre Petit, trabajó en esta idea durante mucho tiempo…

También fue en ese momento, que para un servicio del Centro Nacional Francés de Estudios Espaciales, Michel Bounias, Profesor de Biología, se dio cuenta e hizo pública la impresión de un ovni que aterrizó en Trans-en-Provence, sureste de Francia. En Francia, a pesar de la autocensura de los medios de comunicación que ni siquiera transmitirían los comunicados de prensa AFP; sin embargo, la opinión pública tomó conciencia de la realidad material del fenómeno OVNI. Al otro lado del Canal, Crop Circles, tanto reales como falsos, en los titulares y desatan las pasiones. Al otro lado del Atlántico, algunos científicos comenzaron a sacar conclusiones sobre la realidad de los «secuestros», de personas y animales.

El advenimiento de Internet, luego ayudó a difundir todo tipo de datos, desde los más científicos hasta los más extravagantes, sobre todos los temas relacionados. El número y la gran variedad de testimonios se hicieron públicos. Nadie lo puede ignorar más, aunque todavía hay mucha confusión.
Los argumentos científicos, mencionando una distancia excesiva a otras

estrellas y la prevención de los seres extraterrestres para viajar, son obsesivos. Los testimonios mencionando la observación de naves o los seres que son muy diferentes de cada uno de los círculos y otros cultivos siguen siendo enigmáticos. ¿Dónde está la coherencia en todo esto?

Hay dos claves principales para conseguir una comprensión general. Por un lado, nuestro conocimiento cosmológico es tan extremadamente incompleto que es totalmente falso suponer que la única manera de viajar entre las estrellas es la que estamos utilizando, que es la de Einstein-Minkowski espacio- tiempo (teoría / modelo). En efecto, existe un contexto cosmológico, que permite tales viajes intergalácticos con retrasos relativamente cortos.

En 1966 y luego en 1970, los físicos I.D. Novikov y Andrei Sakharov explicaron sus principios básicos. El universo está hecho de muchas «capas» cósmicas. De manera muy sucinta, se ha de imaginar que las naves pueden moverse de un extremo del cosmos a otro, tomando un atajo a través de otro cosmos. Éste es el primer punto clave para entender cómo son posibles los viajes interestelares.

Por otro lado, la variedad de observaciones se debe simplemente a la diversidad de nuestros visitantes, interviniendo en varios intervalos, con diferentes varios y teniendo una variedad de morfologías. En los últimos cincuenta años del siglo XX, unas cientos de civilizaciones han venido a visitarnos con objetivos diferentes y en distintos momentos. Todos cumplen con un código universal de la ética pacífica de no intervención, aunque uno de ellos es la libertad para llevar a cabo experimentos científicos que lleva a los secuestros.

Aunque la mayoría de estas civilizaciones siguen siendo muy discretas, dos de ellas han estado regularmente presentes desde 1950 y 1990. Ellas se han estado comunicando de forma más activa. Una de ellas por la producción de la mayoría de los círculos de cosecha, y la otra por la difusión de documentos. Para comenzar, vamos a explicar una teoría general sobre el significado y el propósito de los círculos en los cultivos producidos por esta civilización. Después, vamos a analizar la documentación remitida por la segunda civilización. Estos textos contienen «palabras» peculiares o «fonemas (*)». Como resultado, es posible analizar y demostrar que aquí tenemos un idioma extranjero a todos los idiomas terrestres. Este simple hecho demuestra la inteligencia al trabajo, reforzando la idea de que los representantes de esta civilización están de facto aquí en la Tierra.

Durante los últimos 42 años, cientos de textos misteriosamente reclamados por los representantes del pueblo Ummo extra-terrestre, se han difundido en cientos de miles de copias en todo el mundo, en español, francés, Inglés y otros idiomas ... Su formación cultural, técnica , los contenidos científicos y cosmológicos a menudo tienen un fuerte tono anticipatorio. La explicación «política- mente correcta», que es comúnmente aceptada, consiste en decir que estos documentos son el fruto de la actividad de cuarenta años por numerosos equipos, los miembros de los servicios de inteligencia. Sin embargo, nadie puede decir hoy cuál es su propósito. ¿A quién y por qué, un engaño de medio siglo, serviría? Estos documentos Ummo nos introducen en una cultura revolucionaria y en el conocimiento. Su similitud con la morfología terrestre facilitó su estudio de nuestras sociedades, así como los intercambios con terceros.

El análisis detallado del lenguaje de Ummo, nos permite, en este libro, obtener una visión sobre la diversidad de la ufología, determinar el enigma sobre la locomoción de los ovnis, por ejemplo… La comprensión y el análisis del lenguaje Ummo se abren en las hipótesis sobre la génesis del universo, el surgimiento de la vida, la influencia de las estrellas en la psique, y muchos otros temas considerados hoy en día, aunque no sea realmente científicamente.

Este primer volumen se inspira directamente en los documentos de Ummo, desde el archivo, muy voluminoso, de Ummo (1400 letras). Otros dos libros seguirán con un análisis detallado de la construcción de este lenguaje no terrestre y la formulación, en avances sin precedentes, en el campo de la ufología.

Denis Roger Denocla

Cronología

Durante los últimos 60 años, el número de observaciones registradas y relacionadas con el fenómeno OVNI, ha sido enumerado por decenas de miles de personas. Un documento de Ummo idéntica la presunta visita por primera vez por una exocivilización en 31.700 AC. Algunas fechas contemporáneas parecen ser importantes para obtener una visión general de este campo de estudio.

1930-1935: Primer larga distancia radio-emisiones eléctricas utilizando el principio de reflexión ionosferas (*). La Tierra se convierte en «ruidosa». Después unos diez años más tarde, un plegamiento espacio significativo hizo los viajes interestelares posibles. Entonces, todas las exocivilizaciones desarrolladas alrededor de 10 ó15 años-luz detectaban esta actividad en la Tierra.

1939-1945: Durante la Segunda Guerra Mundial, los pilotos aliados observaron «Foo Fighters» y los pilotos alemanes descubrieron «Kraut Bolids». Estos eran generalmente pequeñas naves esféricas no tripuladas, pero también, a veces, naves de mayor tamaño. Los beligerantes creían que se trataba de un arma del enemigo, secreto.

A partir de 1946, la URSS y los Estados Unidos se tienen mutuamente unos a otros sospechosos de hacer volar «Cohetes fantasmas « cuyas velocidades y capacidades de maniobra son excepcionales. También fueron detectados por los radares militares de todos los países europeos.

1947: El 24 de junio de 1947, en la región del Monte Rainier, en el noreste de los Estados Unidos, un piloto llamado Kenneth Arnold observó ovnis. La noticia se propagó en todo el mundo bajo el nombre de «platillos volantes». No mucho después de que, el 2 de julio de 1947, una violenta tormenta golpeó las zonas desérticas de Nuevo México, en Roswell, y causó el accidente de dos «discos voladores». El personal militar del Grupo de Bombarderos de la 509a de la 8 ª Fuerza Aérea, una escuela de formación llamada Roswell Army Air Field, recuperó por primera vez los restos de las naves espaciales y los cuerpos de seres extraterrestres. El nivel de más alto de secreto fue establecido por las autoridades militares.

Desde 1947 hasta hoy: un programa sin precedentes está configurado para neutralizar los testimonios de avistamientos de ovnis. Una serie de proyectos contribuyen a este in: Proyecto Sign, Grudge, Blue Book, Colorado Comisión Condon, etc ...

1950: Desde los años 30, las señales radioeléctricas terrestres se han extendido a las estrellas en un radio de 15 a 20 años luz. El 28 de abril de 1950, el primer aterrizaje en secreto por un cuerpo expedicionario de hombres del planeta Ummo, es conocido, en España, bajo el nombre de «Ummitas».

1952: El informe de 14 por el Instituto Batelle mostró una correlación entre los avistamientos de ovnis y las instalaciones nucleares. En última instancia, todas las bases militares secretas de la URSS y USA estaban siendo vigiladas por los naves exoplanetarias (*).

1961: En la noche del 19 hasta el 20 septiembre de 1961, el señor y la señora Barney Hill son secuestrados en el camino de la Montaña Blanca en Nueva Hampshire. Éste es el primer secuestro conocido, probable-mente llevado a cabo en el marco de los exámenes biomédicos por una raza extraterrestre en la Tierra desde 1948 y designada en este libro bajo el nombre de «GOHOians».

1965-66: El primer lugar de la difusión de los documentos de Ummo en España.

1981: En Francia, el 8 de enero, un OVNI aterrizó en Trans-en-Provence, en Francia. El estudio de las huellas en el suelo, hecho público, mostró las características mecánicas de la rotación, la masa, los compuestos de quí-mica de la superficie y la existencia de un dispositivo de tipo magneto-hidro-dinámico (*).

1990: En Bélgica, en la noche del 30 al 31 de junio, un avión de combate F-16 militar persiguió a un OVNI. Las grabaciones de radar realizadas por el piloto y los datos del radar dieron lugar, el 11 de julio, a una conferencia de prensa por el Jefe de la Fuerza Aérea belga, Wilfred de Brouwer.

2001: El 19 de agosto, en Chibolón en Hampshire, Gran Bretaña, se descubrió un Circulo en los cultivos (*) que representa el «espejo» respondiendo a un mensaje enviado en 1974 desde el radiotelescopio de Arecibo, en el marco del programa SETI.

El 15 de agosto de 2002, en Crabwood Farm, entre Pitt y Sparsholt, en Hampshire, Gran Bretaña, un Circulo en los cultivos (*), que representa el pecho de un ser extraterrestre con un CD-ROM, fue descubierto. El dibujo de CD-ROM en los campos que contiene un mensaje en inglés, codificado con los caracteres ASCII de los ordenadores.

2002: Los primeros elementos de comprensión del lenguaje Ummo: J. 'Pol-lion' estableció conexiones con la obra de Bertrand Russell en la semántica. El concepto de «atomicidad», puede estar relacionado con el principio básico de la lengua de Ummo.

2003-2005: primera decodificación lengua extranjera transcrita: D.R. Denocla encontró un método para descifrar el lenguaje de Ummo, y mostró que estas palabras implican una estructura primaria de fonética y jerárquicamente de conceptos entrelazados. D. R. Denocla completa la decodificación de estos fonemas básicos.

2005: Paul Hellyer, el secretario de Defensa canadiense desde 1963 hasta 967, pidió al Parlamento de Canadá dar conferencias públicas sobre civilizaciones extraterrestres:

«Los ovnis son tan reales como el vuelo de los aviones por encima de su cabeza... El incidente de Roswell era real. La clasificación fue, en principio, superior a Top Secreto... ya es hora de levantar el velo de secreto, y permitir que la verdad surja, por lo que un verdadero debate puede empezar, ¡sobre uno de los problemas más importantes que nuestro planeta enfrenta hoy en un día!».

1 - EL ORIGEN ÚNICO DE LOS CIRCULOS EN LOS CULTIVOS

Durante varios siglos se han observado, huellas de ovnis en la tierra, o en los campos. Pero los Crop Circles (*) o círculos de cosecha son muy diferentes - y mucho más recientes. Empezaron a aparecer en un número creciente durante la década de 1990. Lo que representa un enigma hasta la primera década del siglo XXI. Sin embargo, mucha gente perspicaz y libre de dogmatismos ha identificado la naturaleza exótica de la mayoría de los círculos de las cosechas.

¿Cuál puede ser el propósito de los Crop Circles? ¿Cuál puede ser la intención de quienes los hacen?

Podemos encontrar referencias a los Crop Circles en los documentos de Ummo. Esto es lo que dicen acerca de ellos:

«Los círculos de las cosechas que aparecen espontáneamente en medio de los campos, son para usted una sorpresa. Un gran número de sus hermanos realmente creen que los OEMMIIs (en este caso humanos terrestres) bromistas con meras tablas de madera, pudieron haberlos hecho. ¿Cuándo cesará el ingenio? Sí, estos signos se dibujan en la gran mayoría por OEMMIIs viajeros extranjeros en su planeta. Ellos no son el resultado de nuestras acciones, pero sabemos cuál es la raza de OEMMII que los producen. La moral de los OEMMII es alta y no condenamos sus acciones. Su objetivo no es simplemente el ejercicio de una forma de expresión artística, a expensas de sus cultivos, pero que causa una creciente conciencia de la realidad extraterrestre por parte de una pregunta legítima sobre el origen de estas señales. El desprestigio deliberado, patrocinado por los servicios de investigación del Estado y transmitido por los organismos de radiodifusión de la información, necesariamente dará paso, más allá de un cierto umbral de credibilidad, que se revela a ser más alto que la mera lógica podría habernos llevado a suponer.» NR17 (septiembre de 2003)

«Aunque pueda parecer difícil de entender en un primer momento, la solución a sus males no está en escuchar los mensajes mesiánicos de los seres humanos de otros órganos de frío que llaman extranjero. Su mitificación de nuestras civilizaciones distantes es errónea y peligrosa. Usted está en busca de una nueva revelación, en la que el Salvador sería la figura sublime de un hombre idealizado del cosmos, un inteligente extraterrestre, un portador de gran alcance de la pomada terapéutica, que, poseyendo una tecnología superior, la ciencia prodigiosamente avanzada y la moralidad irreprochable, a vosotros, y os salvará de las profundidades en las que han caído».

«Así que no espere ninguna ayuda. Sabemos que esta afirmación es extremadamente horrible y áspera, como si hubiera sido pronunciado por un ser despiadado e inhumano, pero es una respuesta realista cumplida con la lógica más impecable».

«Está para resolver los graves problemas que os torturan, a través de la solidaridad.

Para imitar el modelo de nuestra sociedad o de cualquier civilización eso-biótica otros solo pueden desencadenar los trastornos más violentos y los desequilibrios catastróficos, más inestables de los que sufren actualmente.» D176 (febrero de 1983)

Tipos de Crop Circles

Hasta la fecha, sólo hay dos círculos de las cosechas, cada uno representando un humanoide exoplanetario y un mensaje codiciado. Estas son las formaciones de Crabwood Farm y Chilbolton. Todos los Crop Circles representan otros símbolos, objetos e incluso conceptos técnicos o tecnológicos en 3D. Tom de Sutter, realizó una primera clasificación no exhaustiva de los Crop Circles:

- Circular de radiación
- Condensador
- Magnetrón, ciclotrón
- Las moléculas de agua
- Corriente alterna
- Puntos de interconexión
- Copos de nieve
- Figuras fractales y el uso de algoritmos complejos
- Sofisticado diseños geométricos a veces asociados con las referencias culturales, históricos o religiosos.

Estos círculos de las cosechas pueden tener una secuencia temporal. Nuestros amigos del espacio exterior nos dan la primera parte de una representación conceptual, y el año siguiente, la próxima parte. Por lo que, como una animación lenta, el significado de la representación evoluciona con el tiempo.

Poco a poco, el campo de la experimentación de nuestros exoplanetarios (*) amigos se ha expandido fuera del Reino Unido, a una progresiva ampliación de los países. Los Círculos de las cosechas parecen estar dibujados con diferentes técnicas que doblan los tallos de las plantas por el calor o radiación. Como un pintor puede usar pinceles de diferentes tamaños, dependiendo del efecto que quiere producir y el tamaño de la tabla, dependiendo del contexto, nuestros amigos exoplanetarios podrían utilizar diferentes técnicas.

Dependiendo del tamaño del círculo de los cultivos a realizar, o el objeto a dibujar, se puede también utilizar naves no tripulados levitando o equipo más grande con un flujo de fluido MHD, las técnicas de golpe de calor directamente de un barco como los militares estadounidenses en el HAARP, proyecto o incluso por control remoto bolas de plasma que bailan por encima de los campos de cereales. Las formaciones de Crabwood Farm y Chilbolton fueron realizados de acuerdo con los tipos de tramas similares a los utilizados en la impresión. Los dibujos son, obviamente, hizo sobre grandes áreas en cuestión de segundos.

Presencia de campos electromagnéticos en los Crop Circles

En Milk Hill, en el condado de Wiltshire, el 12 de agosto de 2001, una de 240 metros Crop Circle apareció, compuesto por 409 círculos (ver foto de Lucy Pringle, en la página XXX). Nancy Talbott y W.C. Levengood mostró los cambios bioquímicos y biofísicos en el trigo:

- nudos extendidos y cavidades de expulsión;
- cavidades diminutas en la expulsión de los nudos (x40);
- el peso de los granos recogidos en el círculo de la cosecha es menor;
- las estructuras huecas a lo largo de las paredes internas de las células vegetales se han incrementado;
- aparecieron cambios fundamentales en los modelos de oxidación-reducción o de cómo las plantas y los granos recogidos en los círculos respiran;
- la tasa de crecimiento de brotes aumentó un 111%, que se correla ciona con el modelo de Beer-Lambert para la absorción de energía elec tromagnética por la materia;
- un aumento en la concentración de hierro magnético superior a la normal.

Estas características reflejan la presencia de una fuente de energía similar a los micro-ondas. La flecha en el diagrama a continuación muestra una partícula de hierro magnético en una muestra recogida por el roce de un imán en el suelo del Círculo en los cultivos de Milk Hill. El porcentaje de sustancia magnética que se encuentra en el suelo era alto. Las plantas habían sido por lo tanto sometidas a un potente campo magnético. Estas anomalías son recurrentes en los Crop Circles. Son similares a los efectos retardados de rayos láser, la generación de micro-ondas. Sin embargo, un video que muestra un círculo de cosecha que se hizo (Morpheus Editions CD-Rom, 2006), muestra las bolas plasmáticas para dibujar los Círculos de cultivos directamente, una tecnología diferente que parece producir los mismos efectos.

El estiramiento de los nudos de los tallos de trigo aquí, + 200%

Partículas de hierro magnético en Milk Hill

nudo X 40
Cavidades de expulsión en los nudos de trigo

El propósito de los círculos de las cosechas

Si uno se refiere a los documentos Ummitas, estos cursos están allí para desafiarnos. El número de alta complejidad y de círculos de cosecha impresionante de todo el mundo poco a poco dan forma a la hipótesis de un origen extraterrestre. Esto es lo que ocurrió desde la década de 1990. El método utilizado para crear estos patrones es desconocido para nosotros. Nos enfrentamos a una realidad concreta y tangible, la evidencia de que algún tipo de inteligencia se trata. Estos círculos son formaciones gigantescas y complejas apoyándose en conceptos matemáticos muy elaborados. Para ser comprendido e interpretado, requieren conocimientos científicos, matemáticos y simbólicos. Algunos mencionan explícitamente su origen, con por ejemplo, sistemas solares diferentes al nuestro.

También de acuerdo a los documentos Ummitas, esta carrera exoplanetaria tiene la intención de comunicar directamente con los pueblos de la Tierra. No se fía de ninguna manera a nuestros representantes institucionales y de nuestros organismos oficiales. ¡Estos visitantes fácilmente pueden escribir a nosotros los mensajes alfabético, o transmitir cualquier tipo de mensaje radio eléctricos, o incluso intervenir directamente a través de 800 canales de televisión existentes en la Tierra!

Pero ellos no lo han hecho. En su lugar, han elaborado, en el centro del campo abierto Crop Circles muy visibles, que nuestros gobiernos y el ejército no pueden ocultar. Por lo tanto, cualquier persona que, marginalmente de los organismos oficiales, los intentan comprender el fenómeno e investigar sus orígenes, tienen los círculos en los cultivos a su disposición, los datos de premera mano. De ahí que cualquier ciudadano de la Tierra tiene acceso directo a estos círculos de cosecha, mientras que los gobiernos del planeta están haciendo todo lo que pueden para tratar de desacreditar el fenómeno.

La amenaza de etnocidio (*)

La elección de una forma tan peculiar de la acción puede ser explicada por la amenaza de etnocidio (*). De hecho, podrían haber recurrido a intervenciones más invasivas, aislar a los líderes de la Tierra que ofrecen las tecnologías saludables a sus pueblos. Sin embargo, tal intervención sería vista como un golpe de Estado, creando tensiones en el ya interrumpido tejido social. Evolución de la Tierra que ha sido interrumpida y exclusivamente orientada hacia una tecnología muy superior (la suya). Un verdadero choque de civilizaciones que han seguido, su intervención para prevenir tanto la expresión y el desarrollo de cada cultura que integran nuestra civilización terrestre. Incluso si sus iniciativas han sido positivas en las primeras etapas, que pronto han tenido que recurrir a la coacción con el in de manejar la gran inestabilidad provocada por su intervención. Por lo tanto, una injerencia abierta sería algo así como una forma destructiva de colonización. Su deseo no es disolver la cultura terrestre, imponiendo su tecnología y su organización social. De una manera muy poco intrusiva, están tratando de transmitir información a la mayor audiencia posible, y por lo tanto desencadenar la conciencia de todo el mundo.

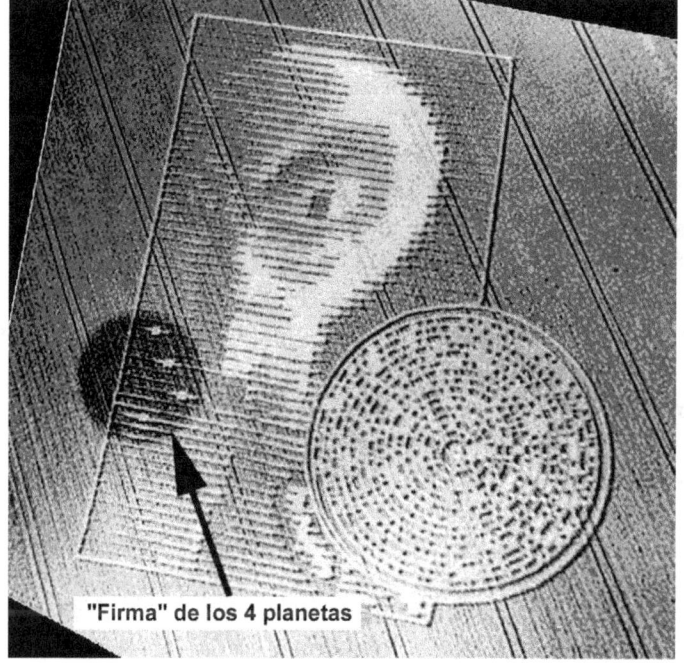

"Firma" de los 4 planetas

No estamos solos en el universo, son nuestros vecinos galácticos!

El mensaje del Círculo de la cosecha de Crabwood Farm

Es importante destacar que, a pesar de su apariencia espectáculo- lar, el enfoque elegido por esta exo-civilización es pacífico por naturaleza. Los autores se representan a sí mismos y firman sus dibujos con el símbolo de los cuatro planetas. ¿Esto es para darnos una pista sobre su paradero? Esto es lo que inferimos, ya que estos símbolos en los círculos en los cultivos no podían ser de ninguna manera una coincidencia.

Muchos estudios de este círculo de la cosecha se llevan a cabo: los de Frédéric LEBOIS, Vigay Pablo, Petracek Vojtech, Maurice Osborn y «Mike» - un autor anónimo. El círculo en los cultivos en la parte delantera es un mensaje en código binario que da los valores ASCII de los caracteres del alfabeto. El mensaje está en inglés, y afirma:

«Cuidado con los portadores de FALSOS regalos y sus PROMESAS VANAS. Mucho DOLOR pero aún hay tiempo. ? ELIE? E. Hay BONDAD afuera. Nosotros nos OPONEMOS a los ENGAÑOS. Conducto de cierre».

Queda a partir de hoy una polémica sobre la palabra «? ELIE? E», algunos personajes de los que fueron alterados. Sin embargo, vamos a especificar el contexto. Nuestros visitantes, escribieron un mensaje para los terrícolas en Inglés, en un país de habla inglesa. Los términos no alterados seriamente se pueden interpretar en cualquier otro idioma además del Inglés. De lo contrario sería una falta de la lógica más elemental. De modo que usted puede hacer su propia decisión sobre el tema, vamos a esbozar a continuación los diversos estudios sobre este tema.

Las interpretaciones de la palabra alterada

1 °) Frédéric LEBOIS y Vigay Pablo han establecido que el descifra-miento binario inicial (*) da una secuencia de siete letras: (en la que la designa un código binario sin correspondencia ASCII) «ELIE E?» «?». Se corrigen el lenguaje binario, para terminar con el término «EELIJVE».

2 °) Vojtech Petracek ha concluido que el código binario inicial da una secuencia de 8 letras ASCII y se corrige el resultado como «EELRIJUE».

3 °) Maurice Osborn propone una pequeña corrección en la interpre-tación del código binario que da la palabra inglés de 7 letras «BELIEVE» (CREEN). Así es como él lo explica:

«La razón por la cual hay una variedad tan amplia de las traducciones es que las huellas de las ruedas del tractor han pasado por el Círculo de la cosecha en tres lugares diferentes, daños en el dibujo. Así, la interpretación del dibujo es el problema aquí, no el método de traducción. El mensaje se encuentra en un diagrama de espiral, en un disco con puntos formados por las plantas de pie, rodeado de plantas mentira... el código es binario, compuesto por «1» y «0» habitualmente utilizado para identificar un carácter ASCII. La imagen es una vista, con un primer plano, del Círculo de la cosecha de Crabwood. Se ha dado la vuelta al revés para dar una visión más fácil de la palabra. Yo acentúo los dibujos de los puntos de esta palabra, lo que subraya en rojo y azul alternativa- mente cada letra... » Maurice Osborn.

4 °) Después de haber exa-minado el código binario de Frédéric Lebois y Paul Vigay, la hipótesis de corrección «BELIEVE» (CREEN) es entonces considerada como la más probable.

5 °) «Mike» vuelva a exami-nar el código binario basado en el mismo avión imágenes como Vojtech Petracek. Luego obtuvo una secuencia ASCII de 7 u 8 letras: o «ELIE E??» «ELIE E?».

6 °) Jean Pollion entonces lleva a cabo un análisis que es

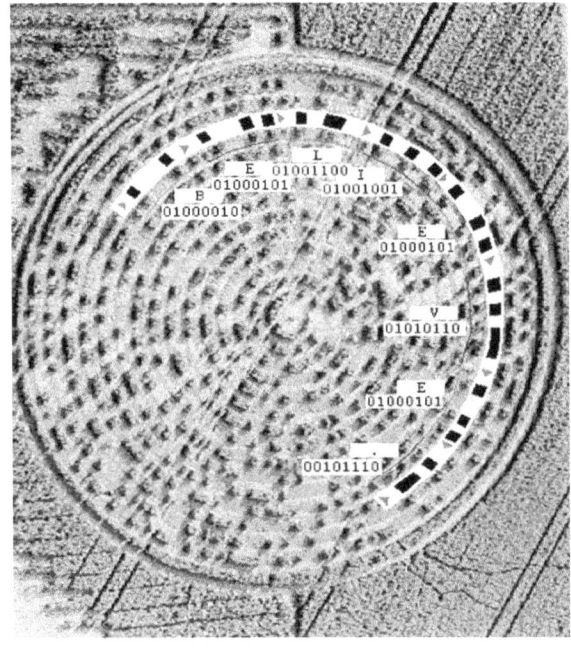

similar al realizado por Voltech Petracek de la secuencia de ocho letras: «EELRIJUE» o «EELRIJVE» que él considera como una palabra de Ummo. Esta hipótesis es errónea por varias razones: como hemos visto anteriormente, la probabilidad de que la palabra modificada sea inglesa es muy alta. El principio mismo del primer nivel de la lengua Ummo, como veremos más adelante, excluye la hipótesis de una palabra aislada.

Por otra parte, el análisis semántico de estas sintaxis en el lenguaje de Ummo, así como de varias otras sintaxis en su homofonía inglesa no tiene ningún sentido en el contexto de este mensaje en inglés.

Según los documentos de Ummo, los humanoides (o OEMMII) los autores de este mensaje son conocidos. Los Ummitas no lo reclaman por suyo. En cuanto a la idea de que una palabra de este mensaje está destinada a los Ummitas, parece que la mezcolanza de géneros y los medios de comunicación están totalmente inadecuados e ilógicos.

Interpretación del mensaje Crabwood Farm

Este es el mensaje más legible de los que fueron comunicados directamente a través de círculos de cosecha, pero, paradójicamente, también es el que resulta ser más enigmático. Después de la corrección, Maurice Osborn traduce el código binario:

«Beware the bearers of false gifts and their broken promises. Much pain but still time. Believe. There is good out there. We oppose deception. conduit closing».

Que se traduce por : *«Cuidado con los portadores de FALSOS regalos y sus PROMESAS VANAS. Mucho DOLOR pero aún hay tiempo. Creen. Hay BONDAD afuera. Nosotros nos OPONEMOS a los ENGAÑOS. Conducto de cierre».*

Teniendo en cuenta la información contenida en los textos de los Ummitas, el mensaje puede ser interpretado:

«Cuidado con los portadores de FALSOS Regalos y SUS PROMESAS VANAS»

Este mensaje junto con un ser: laco, pequeño, de cabeza grande, probablemente se refiere a los mensajes que enviamos a las civilizaciones extraterrestres en la sonda Voyager durante la década de 1970 o lo del programa SETI enviado el 16 de noviembre de 1974, desde el radiotelescopio de Arecibo. Estos mensajes en ese momento, expresaron el deseo de dar la bienvenida a cualquier visitante exoplanetario (*), dando la impresión de que nuestra civilización terrestre deseaba establecer relaciones honestas, culturales, sinceras y constructivas. Pero, ¿cuál es realmente el caso?

¡Oficialmente, ni siquiera creen en la posibilidad de una visita del espacio exterior! Imposible, debido a las distancias que nos separan, lo que requeriría muchos años de viaje espacial... Por lo tanto, no son capaces de mantener nuestras promesas, y comunicarse con la civilización alienígena que nos envía estos mensajes. En consecuencia, nosotros (los responsables del programa SETI y otros) somos los portadores de «regalos falsos» y «promesas incumplidas». Así es como el mensaje se puede entender: «Cuidado con los responsables de sus instituciones que son portadores de dones falsos y promesas rotas».

«Mucho DOLOR pero aún hay tiempo».

En la historia moderna hemos vivido muchas guerras, DOLOR en el mundo, y numerosos genocidios ... Pero todavía estamos a tiempo para evolucionar hacia una solución pacífica y una organización equitativa. Por el momento, si nos referimos a los documentos Ummo, nuestra civilización en la Tierra es demasiado inestable y socialmente inmadura para ser capaces de establecer relaciones con viajes exoplanetarios (*). El choque cultural que resultaría sería perjudicial, ya que nuestras instituciones no nos están preparando para esta alternativa. Por el contrario, están haciendo todo lo posible para ocultar esta posibilidad, ya que podría poner en peligro su poder. Sin embargo, esta presencia extraterrestre y sus manifestaciones están empujando a los poderes de la Tierra hasta el umbral de una dolorosa elección que tendrá que ser tomada. Tendrán que unir a todos los pueblos de la Tierra en contra de esta presencia, describiéndola como enemiga (en lo que sería la máxima expresión de una loca manipulación, todo el mundo para lograr una Unión Mundial Sagrada contra los enemigos del espacio exterior), u otra persona cambia su manera de gobernar y aceptar estos contactos por la liberación de los pueblos de la Tierra desde esta coacción en curso, una alternativa que no parece haber sido realmente tomada en consideración, hasta el momento. Tal situación por lo tanto produce «mucho dolor». No obstante, es - y siempre será - hora de que nos preparemos para establecer relaciones pacíficas con ellos.

«CREEN»

Es tiempo de acostumbrarse a la idea de que las exocivilizaciones vienen a visitarnos regularmente.

«Hay BONDAD afuera »

Estos visitantes de otros sistemas solares no son hostiles, a pesar de que algunos de ellos están llevando a cabo experimentos reprobables sobre

seres humanos (secuestros). No son de ninguna manera   invasores o coloni-
zadores. Es probable que ellos nos protegieran en caso de una inminente
destrucción total. Es en este sentido que « Hay BONDAD afuera «, en contra-
dicción con lo que nuestros líderes nos quieren hacer creer, cuando tienen la
tentación de presentarlos como una amenaza.

Es de destacar que el estado de ánimo de este mensaje de paz
es recurrente en el documento «ATIENZA» de 1968. Se ha atribuido a los
humanoides que pertenecen a un planeta llamado URLN en Alfa Centauro y de
los mencionados en algunos textos de Ummo. Por lo tanto, será el nombre de
estos seres «Urlnians». Este mensaje fue enviado telepáticamente a un
terrícola. Menciona las mismas ideas en los siguientes términos: «poco a
poco como una mancha de aceite, en la mente de muchos hombres, la
idea de que la voz de que algo que no es desfavorable puede venir del
espacio exterior». Por tanto, estamos frente a extraterrestres pacticos y
protectores, como lo demuestran los documentos ummitas, algunos círculos
de Cultivos y el documento ATIENZA.

«Nosotros nos OPONEMOS a los ENGAÑOS»

Esta frase es muy explícita. Se oponen a posibles manipulaciones por nuestros
dirigentes que, o bien ocultan la existencia de la presencia de los exo- planetarios (*), o están considerando la posibilidad de pudieran ser una amenaza
global. Los documentos de Ummo describen en detalle el comportamiento
de nuestros gobiernos con respecto a la presencia alienígena. Su crítica es
severa y podemos entender los esfuerzos desesperados realizados por nuestros líderes para ocultar su presencia y las manifestaciones de las exocivilizaciones en nuestra tierra.

Una carta de Ummo - D 1378 - menciona el tema:

*«Los componentes más avanzados de la tecnología, los medios de
organización y una extensa masa de datos están en manos de los cerebros
más irresponsables, lo que equivale a la colocación de un explosivo de gran
magnitud en las manos de un niño».*
*«Se ha creado un « orden « social estructurado de una forma delirante, en el
que el poder tecnológico y económico y la información no manipulada, no está
en manos de los creadores inteligentes de una nueva red social, sino de los
cerebros más enfermos y arcaicos de su sociedad. La peor estupidez son: los
guardianes de las leyes morales que no son científicos honestos, los
líderes de las fanáticas comunidades religiosas que transgreden las leyes
morales de acuerdo a sus caprichos y sus propios intereses».*
*«La red social de la Tierra está en manos de una oligarquía de los pocos
poseedores del poder económico. Cualquier idea, la creación o el modelo, que
emana de un ser humano o un grupo de seres humanos ajenos a ellos, inva-
riablemente, termina por ser devorado y controlado por este último. Si la idea,*

la filosofía, el sistema, el modelo científico, la concepción tecnológica no sirve a los intereses de estas oligarquías, o tiende a limitar su poder o debilitar su construcción de hierro, donde su capacidad de dominación religiosa, política o económica tiene su origen, estos centros tienen a su disposición medios poderosos para desacreditar la idea, bloquear el desarrollo del modelo, prevenir su transmisión o su aplicación».

«Si la idea o el modelo son útiles para reforzar sus intereses, distorsionarán brutalmente el marco de su aplicación. Un sistema, que podría ser aplicado para resolver la miseria del tercer mundo-o frenar la escasez de energía y por lo tanto proporcionar los niveles más altos posibles de bienestar, es rápidamente desviado hacia las aplicaciones tecnológicas de carácter militar o hacia las operaciones destinadas a garantizar unos grupos industriales, una cantidad máxima de ganancias, mientras crean grandes perturbaciones en los mercados y frustran a otras empresas que podrían haber permitido a la red social desarrollar alguno de sus potenciales.»

«Esta es una imagen condensada de lo que sabe demasiado bien. ¿Cómo puede insistir tan ingenuamente en pedirnos que le proporcionemos la información? ¿Cuánto tiempo cree usted que se quedaría en sus manos? ¿Qué cree que los políticos corruptos, los jefes codiciosos, las redes de espionaje y las infraestructuras militares van hacer?»

Identidad de los creadores de los Crop Circles (*)

Los Crop Circles (*) se están convirtiendo, cada vez más, en lugares de interés. Este fenómeno ha dado lugar a una serie de realizaciones humanas que son artísticas, experimentales o simplemente entretenidas. Estos Círculos de las Cosechas falsos, suelen ser identificables y por lo general reclamados por sus autores. Con la excepción de, quizás, ciertos Círculos en los cultivos (*) que podrían ser el trabajo de experimentaciones militares en campos abiertos, relacionados con el proyecto HAARP. Por esta razón, es importante mantener la cautela y la crítica al examinar las realizaciones anónimas. Sin embargo, el Chilbolton y el Crabwood Farm , Círculos en los cultivos (*) parecen haber sido llevados a cabo por una civilización exoplanetaria (*). La información que nos dan es precisa y puede ayudar a establecer la identidad de sus autores.

Análisis de la formación de Chilbolton

Este famoso círculo de la cosecha (*) se compone de dos elementos rectangulares: uno en código binario, y el otro que representa un rostro enigmático. El rectángulo de código binario fue descrito inicialmente por Paul Vigay, cuyo trabajo se publica en la web (http://www.cropcircleresearch.com/articles/ arecibo.html). En 1974, el Arecibo radiotelescopio en la costa norte de

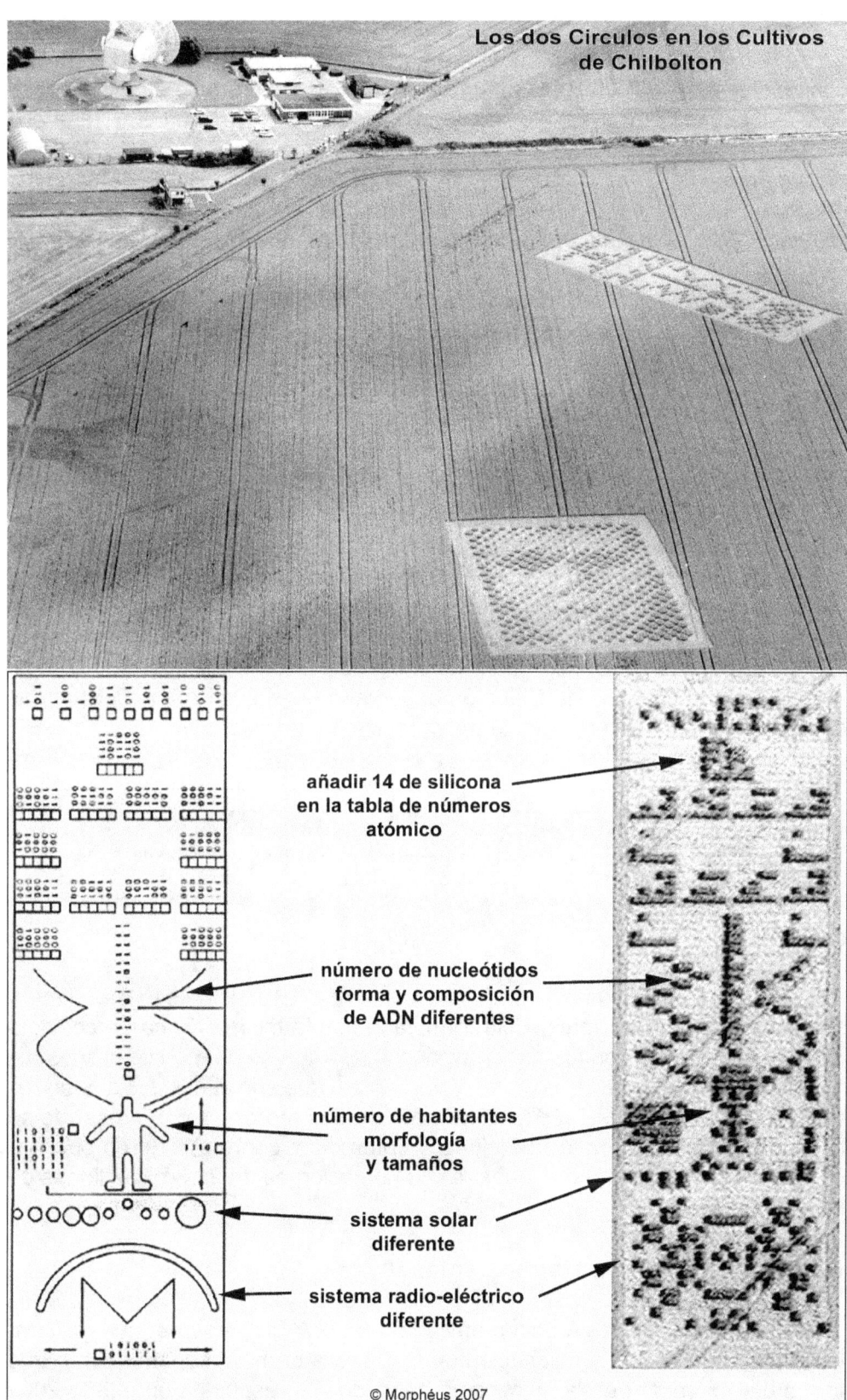

Los dos Circulos en los Cultivos de Chilbolton

añadir 14 de silicona en la tabla de números atómico

número de nucleótidos forma y composición de ADN diferentes

número de habitantes morfología y tamaños

sistema solar diferente

sistema radio-eléctrico diferente

© Morphéus 2007

Puerto Rico, fue objeto de un programa de Búsqueda de Inteligencia Extraterrestre (SETI). Con este in, el mayor radiotelescopio del mundo fue construido, con un diámetro de 1.000 pies. Se hicieron un cierto número de modificaciones para que pudiera enviar señales con una potencia de 20 Teravatios (1 Teravatio = 1 billón de vatios).

Para inaugurar estas mejoras, se decidió por el SETI para enviar un mensaje codificado al espacio. Se describe el ADN humano, el tamaño promedio de un hombre, el número de seres humanos que viven en la Tierra,

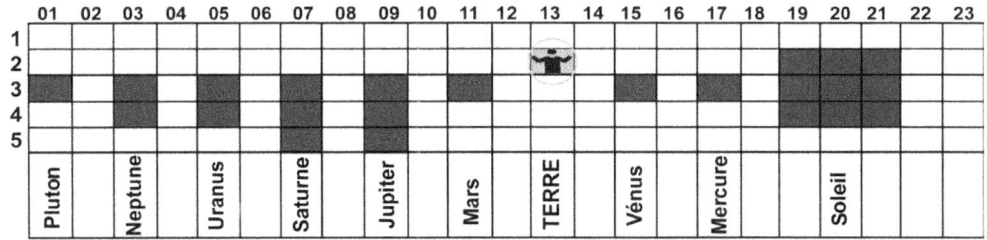

1974: modo binario utilizado en el mensaje de Arecibo para representar a nuestro sistema solar

la posición de la Tierra en nuestro sistema solar y los medios de transmisión utilizados para el envío de estos datos en el espacio. La señal fue enviada a lo largo de un ángulo mucho menor, hacia el cúmulo M13, que está formado por unas 300.000 estrellas en la constelación de Hércules. El mensaje enviado el 16 de noviembre de 1974, se componía de 1.679 impulsos de código binario (0 y 1). Esta transmisión, en una frecuencia de 2.380 MHz, duró tres minutos. El círculo de la cosecha de Chibolón observado en el 2001, de acuerdo a las obras de Vigay, es una respuesta muy precisa al mensaje enviado por el SETI

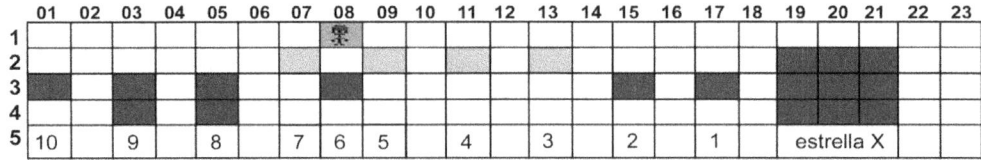

2001: respuesta binaria para el mensaje de Arecibo: aquí un sistema solar con 11 planetas

en 1974.

Este círculo de la cosecha (*) es como una respuesta «espejo» al mensaje enviado 27 años antes. Está formulado con la misma lógica de codificación y exactamente con los mismos principios. A través de modificaciones del mensaje original, nuestros visitantes nos indican que son diferentes a nosotros en la composición de su secuencia de ADN. Ellos representan a un ser de su misma especie de un metro de altura en promedio, con un cráneo proporcionalmente más grande que el nuestro. Su población es de 21.3 mil millones de individuos.

Configuración de su sistema solar

El mensaje de Arecibo enviado en 1974 representa nuestro sistema solar mediante la colocación de la Tierra a un nivel superior como una forma de expresar que la Tierra está habitada. Su respuesta en el año 2001 cambia de una manera similar, 5 planetas en un sistema solar. Esto signiica que, en su sistema, hay cinco planetas habitados por diversas formas de seres vivos.

Al igual que en el mensaje original, en los planetas en la línea n ° 3 no habita ningún ser vivo. En la línea n ° 2, 4 planetas muestran diversas formas de alojamiento de seres vivos. Finalmente, en la línea n ° 1, tenemos el planeta del que nuestros visitantes vienen. Por otra parte, como veremos más adelante, sabemos que su sol se encuentra en una fase de expansión lenta. Por lo tanto, parece lógico que las formas de vida se han comenzado a desarrollar en los planetas más cercanos a su estrella, hasta el desarrollo de los seres superiores y seres humanos extraterrestres, después de que durante siglos y milenios su civilización se vio obligada a emigrar progresivamente hacia los planetas más distantes de su estrella. Los planetas 3 y 4, por tanto, son planetas que se volvieron demasiado calurosos para vivir, dejando sólo las posibilidades de supervivencia para los menos evolucionados, pero los más resistentes. También podemos imaginar que los que solían estar habitados y los que lo están todavía parcialmente, en algunas ocasiones son visitados. Esta exocivilización por lo tanto, probablemente, vive principalmente en el planeta n ° 6, la línea n ° 1; y tal, vez incluso,¿ están preparando el planeta n ° 7 para una migración futura? Esta interpretación parece ser la más lógica, dada la información que tenemos acerca del lento desarrollo de su sol.

La firma

El círculo de la cosecha de Crabwood Farm se realizó cerca del de Chilbolton. Sin embargo, podemos observar tres signos a la izquierda del patrón que representan los planetas. Parece que un cuarto planeta se señala también, un poco más abajo. Éstas son por lo tanto, las entidades localizadas en el área orbital de los mismos. Esta topología planetaria es, en cierto modo, una «firma» de identificación de los autores del Crop Circle. Esto nos permite conectar esta «firma» en el grupo de 4 planetas en el código de Chilbolton, justiciándonos la conexión de estos dos círculos de cultivos que, de hecho, describen el mismo sistema planetario. Notamos, además, que los cuatro planetas de las áreas orbitales de las columnas 7, 8 y 9 en el esquema de su sistema solar, son pre- asumiblemente las distancias orbitales y aviones de la eclíptica a una distancia suficiente del conjunto de la zona orbital estable. El círculo de la cosecha de Crabwood Farm se refiere al de Chilbolton. Los autores de estos dos círculos son uno y el mismo.

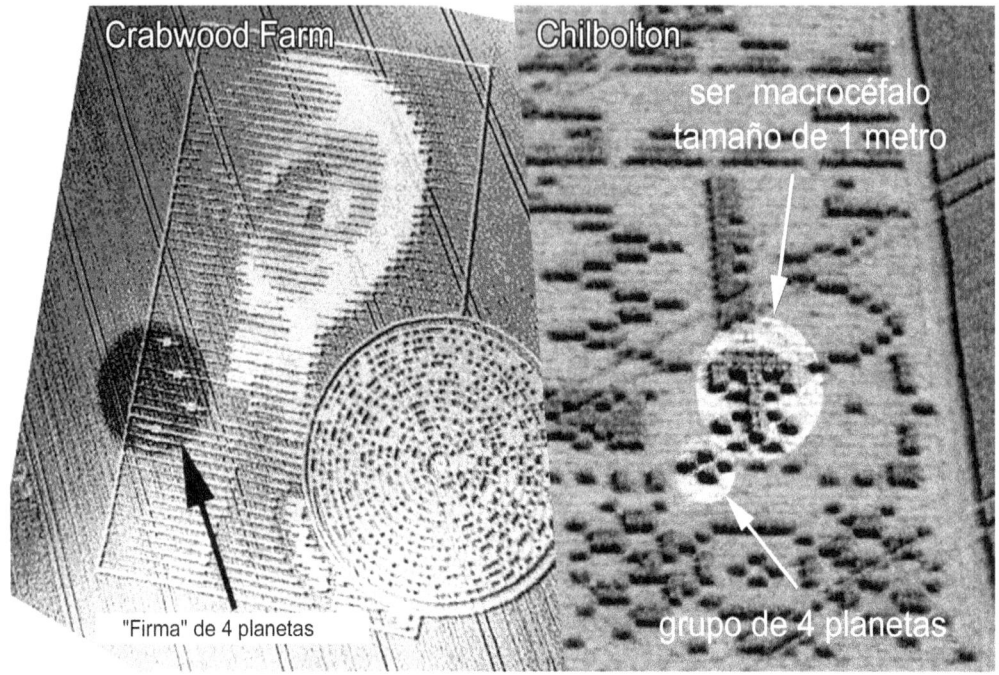

Crabwood Farm

Chilbolton

ser macrocéfalo
tamaño de 1 metro

"Firma" de 4 planetas

grupo de 4 planetas

Su morfología

Si tenemos en cuenta que el disco en formato ASCII es una representación de un CD-ROM terrestre, que tiene un diámetro de 12 cm., y que el personaje está sosteniéndolo con su brazo extendido, y luego la cabeza es aproximadamente del mismo tamaño que la de un ser humano, con una apariencia facial diferente, y que el cuello y la parte superior de su cuerpo son muy filiformes, y con una altura total de alrededor de un metro, parece coherente para nosotros. La cabeza de un ser humano es del 10 al 15% más grande que el resto de su cuerpo. Aquí la relación es de 20 a 30%, lo que justicia el término

«macrocefálica (*)». La evaluación de esta morfología es corroborada por el código de Chilbolton. Este último podría aplicarse a un macrocefálico (*), de un metro de alto. Se trata de una conexión adicional entre los dos círculos de cultivos en Crabwood y Chilbolton.

Localización de su sistema solar

Nuestros visitantes hicieron este círculo de la cosecha en una fecha que nos ayuda a localizar su sistema solar. El mensaje original fue enviado en 1974, su respuesta nos llegó en 2001, es decir, después de 27 años. Si recibe el mensaje en su planeta en el año 2000, y que sólo necesitan unos pocos meses para entenderlo, con medios no convencionales, son necesarios 20 ó 30 años-luz para transmitirnos su respuesta, lo que representaría aproximada- mente la distancia entre su sistema solar y la Tierra, es decir,

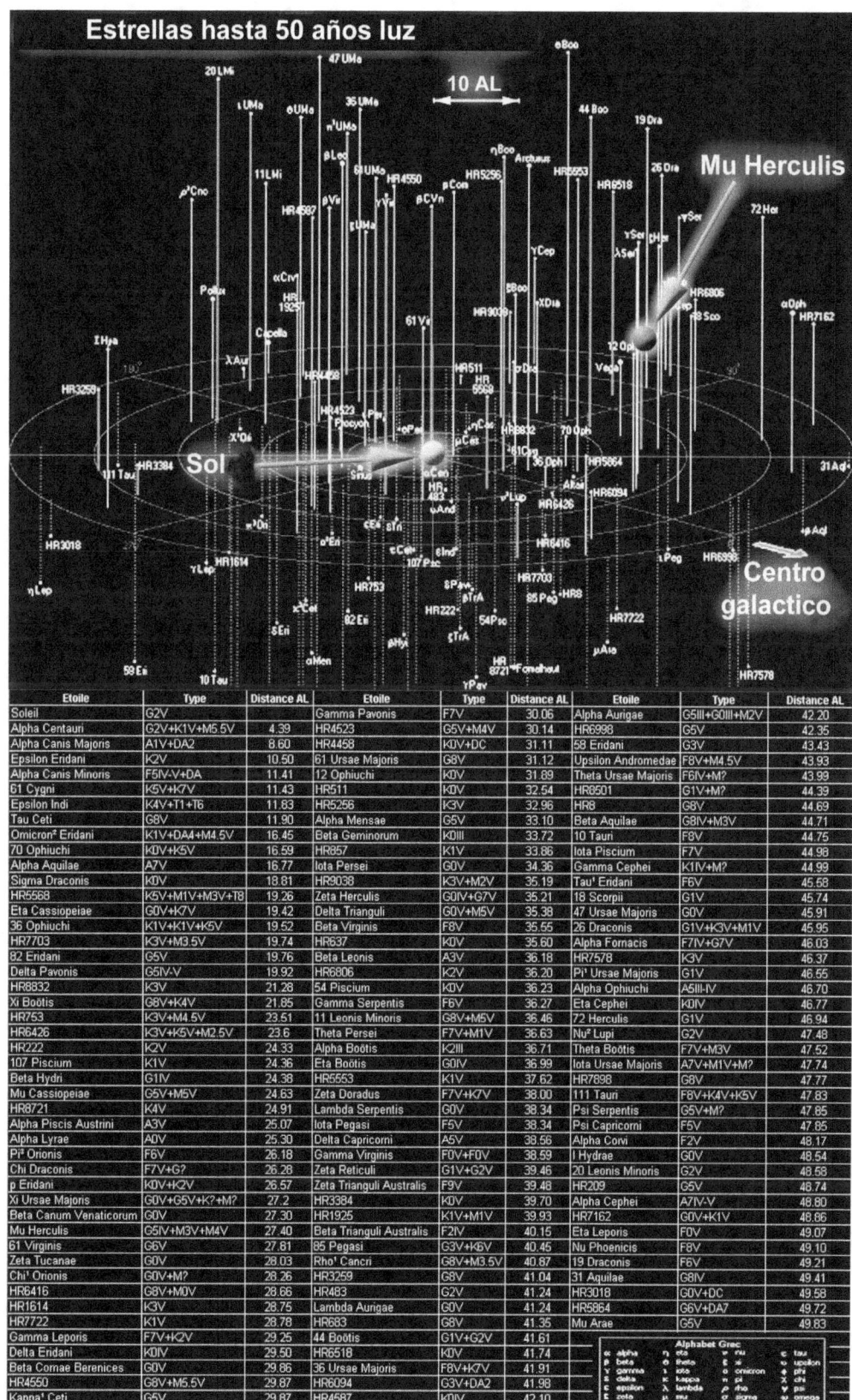

Estrellas hasta 50 años luz — Mu Herculis — Centro galactico — Sol

Etoile	Type	Distance AL	Etoile	Type	Distance AL	Etoile	Type	Distance AL
Soleil	G2V		Gamma Pavonis	F7V	30.06	Alpha Aurigae	G5III+G0III+M2V	42.20
Alpha Centauri	G2V+K1V+M5.5V	4.39	HR4523	G5V+M4V	30.14	HR6998	G5V	42.35
Alpha Canis Majoris	A1V+DA2	8.60	HR4458	K0V+DC	31.11	58 Eridani	G3V	43.43
Epsilon Eridani	K2V	10.50	61 Ursae Majoris	G8V	31.12	Upsilon Andromedae	F8V+M4.5V	43.93
Alpha Canis Minoris	F5IV-V+DA	11.41	12 Ophiuchi	K0V	31.89	Theta Ursae Majoris	F6IV+M?	43.99
61 Cygni	K5V+K7V	11.43	HR511	K0V	32.54	HR6501	G1V+M?	44.39
Epsilon Indi	K4V+T1+T6	11.83	HR5256	K3V	32.96	HR8	G8V	44.69
Tau Ceti	G8V	11.90	Alpha Mensae	G5V	33.10	Beta Aquilae	G8IV+M3V	44.71
Omicron² Eridani	K1V+DA4+M4.5V	16.45	Beta Geminorum	K0III	33.72	10 Tauri	F8V	44.75
70 Ophiuchi	K0V+K5V	16.59	HR857	K1V	33.86	Iota Piscium	F7V	44.98
Alpha Aquilae	A7V	16.77	Iota Persei	G0V	34.36	Gamma Cephei	K1IV+M?	44.99
Sigma Draconis	K0V	18.81	HR9038	K3V+M2V	35.19	Tau¹ Eridani	F6V	45.58
HR5568	K5V+M1V+M3V+T8	19.26	Zeta Herculis	G0IV+G7V	35.21	18 Scorpii	G1V	45.74
Eta Cassiopeiae	G0V+K7V	19.42	Delta Trianguli	G0V+M5V	35.38	47 Ursae Majoris	G0V	45.91
36 Ophiuchi	K1V+K1V+K5V	19.52	Beta Virginis	F8V	35.55	26 Draconis	G1V+K3V+M1V	45.95
HR7703	K3V+M3.5V	19.74	HR637	K3V	35.60	Alpha Fornacis	F7IV+G7V	46.03
82 Eridani	G5V	19.76	Beta Leonis	A3V	36.18	HR7578	K3V	46.37
Delta Pavonis	G5IV-V	19.92	HR6806	K2V	36.20	Pi¹ Ursae Majoris	G1V	46.55
HR8832	K3V	21.28	54 Piscium	K0V	36.23	Alpha Ophiuchi	A5III-IV	46.70
Xi Boötis	G8V+K4V	21.85	Gamma Serpentis	F6V	36.27	Eta Cephei	K0IV	46.77
HR753	K3V+M4.5V	23.51	11 Leonis Minoris	G8V+M5V	36.46	72 Herculis	G1V	46.94
HR6426	K3V+K5V+M2.5V	23.6	Theta Persei	F7V+M1V	36.63	Nu² Lupi	G2V	47.48
HR222	K2V	24.33	Alpha Boötis	K2III	36.71	Theta Boötis	F7V+M3V	47.52
107 Piscium	K1V	24.36	Eta Boötis	G0IV	36.99	Iota Ursae Majoris	A7V+M1V+M?	47.74
Beta Hydri	G1IV	24.38	HR5553	K1V	37.62	HR7898	G8V	47.77
Mu Cassiopeiae	G5V+M5V	24.63	Zeta Doradus	F7V+K7V	38.00	111 Tauri	F8V+K4V+K5V	47.83
HR8721	K4V	24.91	Lambda Serpentis	G0V	38.34	Psi Serpentis	G5V+M?	47.85
Alpha Piscis Austrini	A3V	25.07	Iota Pegasi	F5V	38.34	Psi Capricorni	F5V	47.85
Alpha Lyrae	A0V	25.30	Delta Capricorni	A5V	38.56	Alpha Corvi	F2V	48.17
Pi² Orionis	F6V	26.18	Gamma Virginis	F0V+F0V	38.59	I Hydrae	G0V	48.54
Chi Draconis	F7V+G?	26.28	Zeta Reticuli	G1V+G2V	39.46	20 Leonis Minoris	G2V	48.58
p Eridani	K0V+K2V	26.57	Zeta Trianguli Australis	F9V	39.48	HR209	G5V	48.74
Xi Ursae Majoris	G0V+G5V+K?+M?	27.2	HR3384	K0V	39.70	Alpha Cephei	A7IV-V	48.80
Beta Canum Venaticorum	G0V	27.30	HR1925	K1V+M1V	39.93	HR7162	G0V+K1V	48.86
Mu Herculis	G5IV+M3V+M4V	27.40	Beta Trianguli Australis	F2V	40.15	Eta Leporis	F0V	49.07
61 Virginis	G6V	27.81	85 Pegasi	G3V+K6V	40.45	Nu Phoenicis	F8V	49.10
Zeta Tucanae	G0V	28.03	Rho¹ Cancri	G8V+M3.5V	40.87	19 Draconis	F6V	49.21
Chi¹ Orionis	G0V+M?	28.26	HR3259	G8V	41.04	31 Aquilae	G8V	49.41
HR6416	G8V+M0V	28.66	HR483	G2V	41.24	HR3018	G0V+DC	49.58
HR1614	K3V	28.75	Lambda Aurigae	G0V	41.24	HR5864	G6V+DA7	49.72
HR7722	K1V	28.78	HR683	G8V	41.35	Mu Arae	G5V	49.83
Gamma Leporis	F7V+K2V	29.25	44 Boötis	G1V+G2V	41.61			
Delta Eridani	K0IV	29.50	HR6518	K0V	41.74			
Beta Comae Berenices	G0V	29.86	36 Ursae Majoris	F8V+K7V	41.91			
HR4550	G8V+M5.5V	29.87	HR6094	G3V+DA2	41.98			
Kappa¹ Ceti	G5V	29.87	HR4587	K0IV	42.10			

Alphabet Grec

α	alpha	η	eta	ν	nu	τ	tau
β	beta	θ	theta	ξ	xi	υ	upsilon
γ	gamma	ι	iota	ο	omicron	φ	phi
δ	delta	κ	kappa	π	pi	χ	chi
ε	epsilon	λ	lambda	ρ	rho	ψ	psi
ζ	zeta	μ	mu	σ	sigma	ω	omega

unos 27 años luz. Después de la eliminación de las estrellas no sostenibles, en un perímetro de 30 años luz, sólo dos estrellas permanecen como posibles candidatos en el cúmulo M13:

1 °) Xi Bootis (Xi de Bouvier) en 21,8 LY, que es una enana de tipo G8 con uno o dos compañeros en su vecindad. En su periferia, la existencia de planetas capaces de albergar vida es posible. Sin embargo, esta hipótesis implica que nuestros visitantes han esperado 4 ó 5 años antes de contestar al mensaje de Arecibo. Además de eso, el mensaje fue enviado sólo hacia el cúmulo M13 en la constelación de Hércules, en más de 16 grados de Xi Bootis, lo que coloca a esta estrella lejos de la trayectoria del mensaje de 1974. Hay otro problema, el hecho de que la zona de habitabilidad, en este sistema, no parece lo suficientemente grande como para albergar al menos 3 planetas en órbitas estables.

2 °) El otro candidato es Mu Herculis A en 27,4 LY, un viejo G5 sub- gigante en una fase de expansión (lento a escala humana). El principal inconveniente de esta hipótesis es que la respuesta de nuestros visitantes llegó unos meses antes de que hubieran recibido el mensaje de Arecibo en el planeta. Pero esto no es insuperable dado el margen de error en nuestra forma de calcular las distancias, claro. Por lo tanto, el Círculo en las culturas nos da una indicación en cuanto a la distancia aproximada de su sistema solar se refiere. La luz de distancia entre el envío del mensaje inicial, en noviembre de 1974, y la respuesta, en agosto de 2001, es de 26,9 años luz a lo largo de la trayectoria del mensaje.

Esto , después de todo, está muy cerca de nuestras estimaciones de poner a Mu Herculis A a 27,4 años luz de nosotros. Además, Mu Herculis, tiene en su periferia, condiciones que son favorables para la aparición de vida en planetas con órbita estable. También debemos señalar que de acuerdo a la información en el documento de Atienza, los «urlnians», dijeron que sabían de la existencia de 11 razas diferentes de humanoides (12 a enumerar). Se menciona una raza que tuvo que someterse a una migración planetaria:
«Sólo sabemos de una raza que emigró de su planeta original a un satélite, antes deshabitado, debido a que los recursos en su planeta anterior, estaban disminuyendo y la vida se había convertido en imposible allí. Éstas son circunstancias extremadamente raras, difíciles de replicar. « Esta descripción podría encajar muy bien los exoplanetarios (*) la raza de Mu Herculis A (una estrella en expansión), que se vieron obligados a emigrar de un planeta a otro. Por lo tanto, se puede inferir que el círculo de la cosecha Chilbolton fue hecho por una raza a la que llamaremos «Herculisians», específicamente como una respuesta al mensaje de SETI.

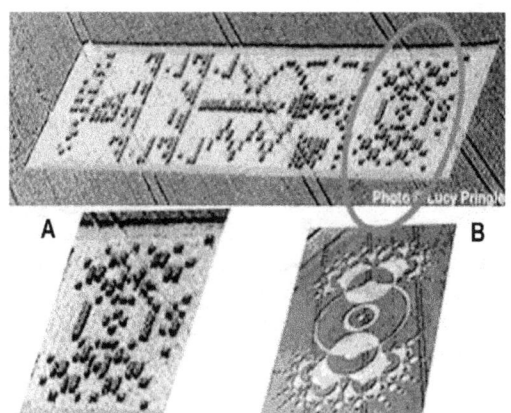

A) 21 de agosto 2001, cerca del radiotelescopio de Chilbolton U.K.

B) El círculo de la cosecha hecho en el mismo campo en Chilbolton en el año 2000

Exotecnológico transmisor-receptor

La última sección del código de Arecibo describe el transmisor del mensaje, que fue el radiotelescopio de Arecibo. Es representado por una estructura curva y un código binario da el diámetro de la antena de transmisión, es decir, 306,18 metros. La respuesta queda en el año 2001, en la forma de un círculo en la cosecha, incluye también un diagrama y la fecha de la exotecnológica (*) del transmisor. El código binario nos da el diámetro de una antena de 850,59 metros. Pero lo más sorprendente es que el diagrama de este transmisor se elaboró con más detalle en otro círculo en la cosecha, que data de 2000, en un campo en Chilbolton. Los círculos muestran lo contrario (A y B) son muy probablemente dos representaciones de la misma tecnología, es decir, un receptor de las radiaciones electromagnéticas. Las partes curvas en forma de «U», probablemente representan fuentes electromagnéticas y el símbolo central, la transmisión de la fuente de alimentación eléctrica. Observe cómo los dos interactúan mediante la superposición. La radiación electromagnética se des- cribe mediante una serie de puntos cuya periferia se encoge. Lo que podría describirse como una antena fractal o más precisamente un sistema de interferómetro de forma fractal (una red de antenas establecida de acuerdo a un determinado fractal). Los autores del círculo en la cosecha B, realizado en 2000, son necesariamente los autores de la respuesta a Arecibo. Por lo tanto, habían estado haciendo círculos en la cosecha mucho antes de la respuesta a la SETI en 2001.

El rostro asociado con el código binario en Chilbolton

El rostro asociado con el rectángulo en el código binario en Chilbolton ha sido un enigma durante mucho tiempo. ¿Era la cara típica de la población que nos visita, o la de un terrícola? El análisis morfológico muestra que esta cara es perfectamente compatible con una apariencia facial humana.

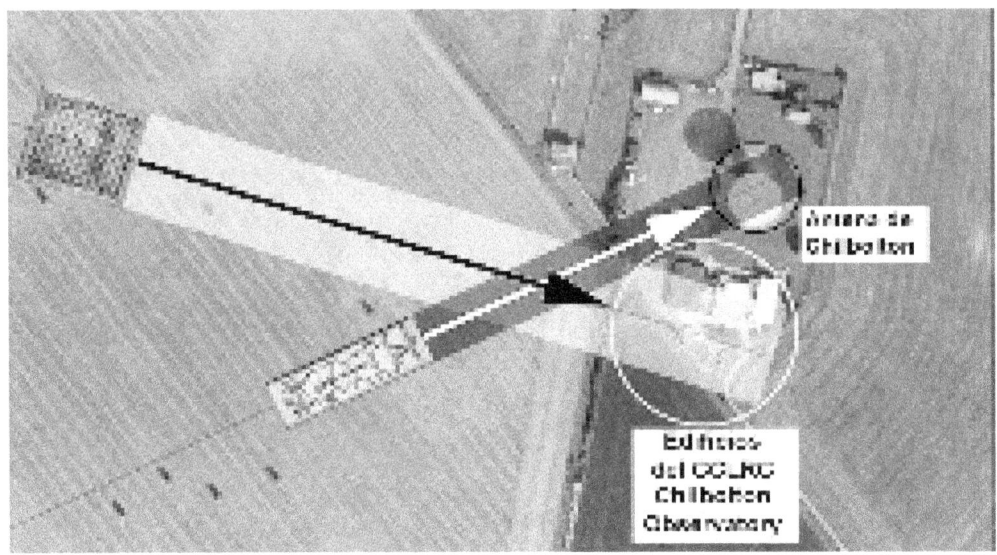

En este caso, ¿por qué nuestros visitantes eligen representar a un terrícola? Nos dimos cuenta que el rectángulo de código binario es una respuesta que apunta hacia la antena de Chibolón. De la misma manera, el rostro enigmático apunta hacia los edificios radiotelescopio, donde los investigadores CCLRC trabajan. Esta cara, podría ser una representación de un destinatario humano, un miembro del personal del Observatorio. Sin embargo, sólo Robert J. Watson, Humphrey W. Lean y Geraint Vaughan, los miembros de la CCLRC, pudieron dar una respuesta exacta a esta pregunta. A partir de entonces, todos ellos negaron que el círculo de la cosecha cerca del Observatorio podría ser una respuesta a la SETI...

Para concluir: los Herculisians son los autores de los círculos

Los textos Ummitas revelan que otra raza es la autora de estos fenómenos: «Estos signos se dibujan, en su gran mayoría, por los viajeros OEMII, ajenos a vuestro planeta. Ellos no son el resultado de nuestras acciones, pero sabemos que la raza de OEMMII es la que los produce. La moralidad de estos OEMII es alta y no condenamos sus acciones...»

Hay Crop Circles hechos por seres humanos, tanto civiles como militares, como parte de proyectos menos loables. Sin embargo, la mayoría de ellos están hechos por la misma raza extraterrestre. Utiliza una tecnología que pone en armonía, en pocos segundos, los cultivos en más hectáreas.

Los círculos en los cultivos de 2001 en Chilbolton nos permiten definir qué raza es el origen de este patrón. Que necesariamente tienen que venir de una estrella situada a unos 27 años luz a lo largo de la trayectoria del mensaje enviado por el SETI en 1974. Y sucede que en este eje, Mu Herculis A, corresponde precisamente a lo que estamos buscando. Todos los indicios tienden a demostrar que los Herculisians son los autores de esta respuesta al SETI. De la misma manera, el círculo de la cosecha que representa una red de antenas receptoras, es una réplica del esquema de código binario de un transmisor- receptor en la respuesta a la SETI. Son, sin duda, los autores de estos dos círculos.

En cuanto al Circulo en los cultivos de Crabwood Farm se refiere, es una pista que nos permite tener en cuenta que también son sus autores. De hecho, en el lado izquierdo del círculo, se muestran cuatro planetas. Y resulta que hemos establecido antes, que viven entre un grupo de cuatro planetas, tres de los cuales son habitables, algo que sin duda es extremadamente raro. El dibujo de estos cuatro cuerpos fríos por lo tanto, parece ser una firma, correspondiente a la raza del exoplanetario Mu Herculis A.

En 1968, el documento menciona una raza Atienza familiarizada con la Tierra, que se vio obligada a emigrar de un planeta a otro. Y hemos visto que debido a la expansión de su sol, necesariamente necesitan migrar, tarde o temprano. La fecha de esta información es de importancia primordial, ya que implica que los Herculisians sabían, antes de que existiera el programa SETI, sobre la composición de la Tierra. Por tanto, podrían haber sabido antes acerca de los mensajes en relación con la Búsqueda de Inteligencia Extraterrestre o en el mismo momento en que fueron enviados, en 1974. No tuvieron que esperar 27 años para estar informados. Esto les dio tiempo para idear y elaborar una forma no invasiva de comunicación con nuestro planeta. Después de todo, fue una institución oficial de la Tierra, quien trató, por primera vez, establecer una comunicación. Parecería lógico buscar una forma adecuada de responder. Tal vez intentaron ponerse en contacto con algunos de nuestros líderes, pero en vano.

Es probable que idearan un plan para comunicarse con los pueblos de la Tierra, desafiando el control de las autoridades sobre la información. Ellos comenzaron su operación probablemente en los años 90, a la vez de los experimentos HAARP militares en campos abiertos. Así, sus intervenciones podrían corresponder a experimentos secretos de los terrícolas en la Tierra, sembrando el pánico y el terror entre los Jefes del Estado Mayor. Entonces, como pasaron los años, los círculos de la cosecha transmitían mensajes cada vez más precisos, hasta agosto de 2001, cuando se hizo el círculo de la cosecha de Chilbolton, en respuesta al mensaje de 1974 SETI.

A continuación, hubieran preparado a la gente, con cuidado y poco a poco, a la idea de que las exocivilizaciones existen y visitan la Tierra. A lo largo de estos años, diseñaron una respuesta al SETI en una fecha significativa: agosto de 2001, 26,9 años luz después del envió del mensaje de 1974. Esta distancia debe corresponder exactamente a la luz de distancia entre nuestros respectivos planetas.

Podemos observar que un exoplaneta, en un sistema planetario alrededor de Mu Herculis A, del tipo «Júpiter» (por lo tanto un gran planeta de gas) es fuertemente sospechoso. En 1994, Cochran y Hatzes informaron de la presencia de una enana marrón o de un compañero perteneciente al tipo «gran Júpiter». Esta prueba se basa en una constante de deslizamiento de Mu Herculis A hacia velocidades radiales en un período de cinco años (Mazeh et al, 1996).

Estamos convencidos de que los círculos de cultivos, desde el principio, son parte de un plan para elevar la conciencia global. Este plan fue imple- mentado por los Herculisians, la pequeña raza macrocefálica. En reacción a este plan conocido por las más altas autoridades, se elaboró un plan de lucha contra el origen de cualquier ser del espacio exterior. El propio Reagan, en los discursos que pronunció en la ONU, habló de una amenaza extraterrestre que podría conducir a todos los Estados de la Tierra a olvidar sus diferencias para unirse en contra de ella. Dijo abiertamente, a la pregunta de si, finalmente, los representantes de exo-civilizaciones no estaban ya entre nosotros: Su presencia es evidente para todos los organismos de inteligencia de nuestro planeta, es un dilema difícil para los más altos estrategas de nuestra oligarquía militar- industrial...

Fotos originales de los círculos en los cultivos, que se estudiaron (Lucy Pringle)

© Lucy Pringle

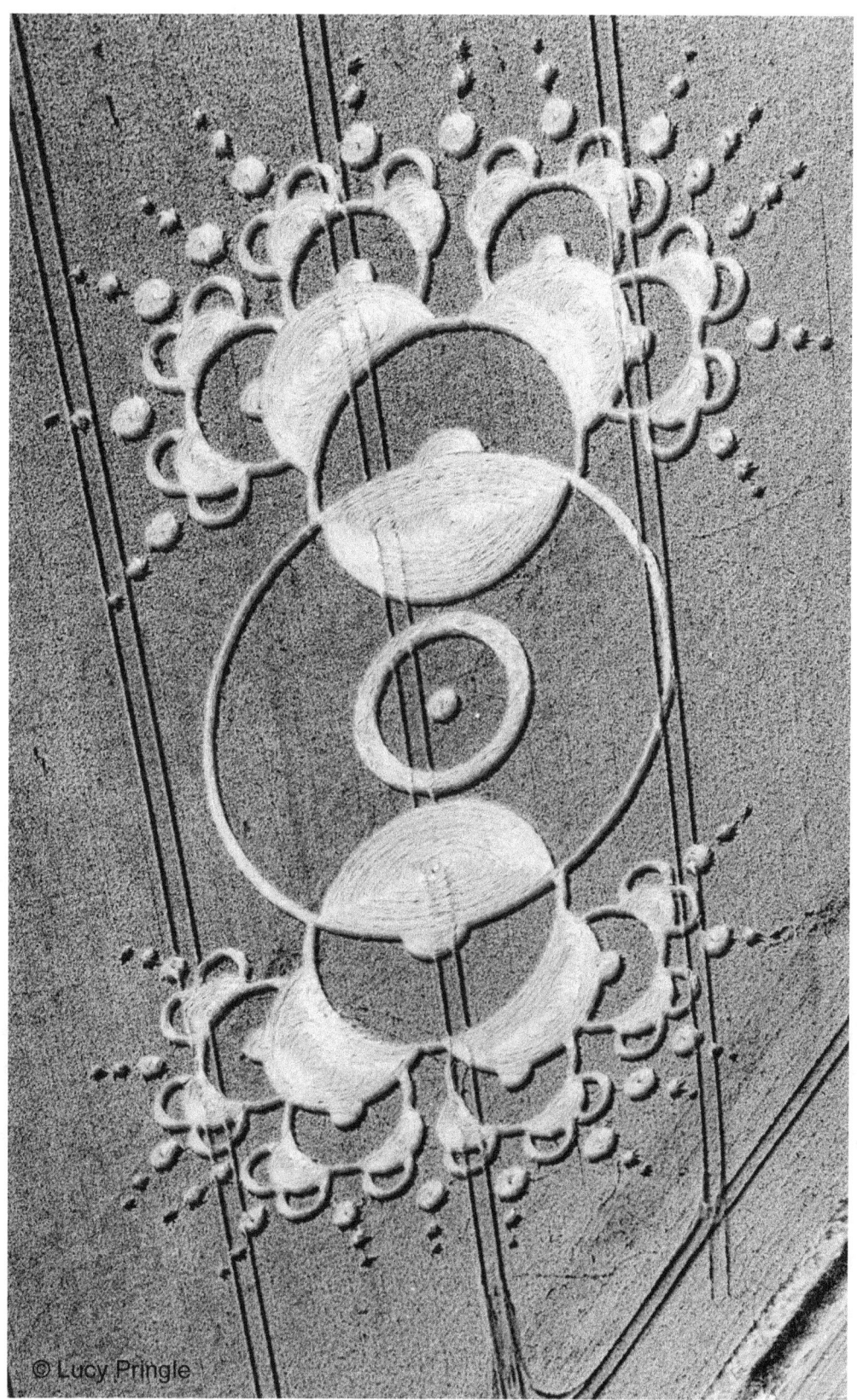

© Lucy Pringle

© Lucy Pringle

© Lucy Pringle

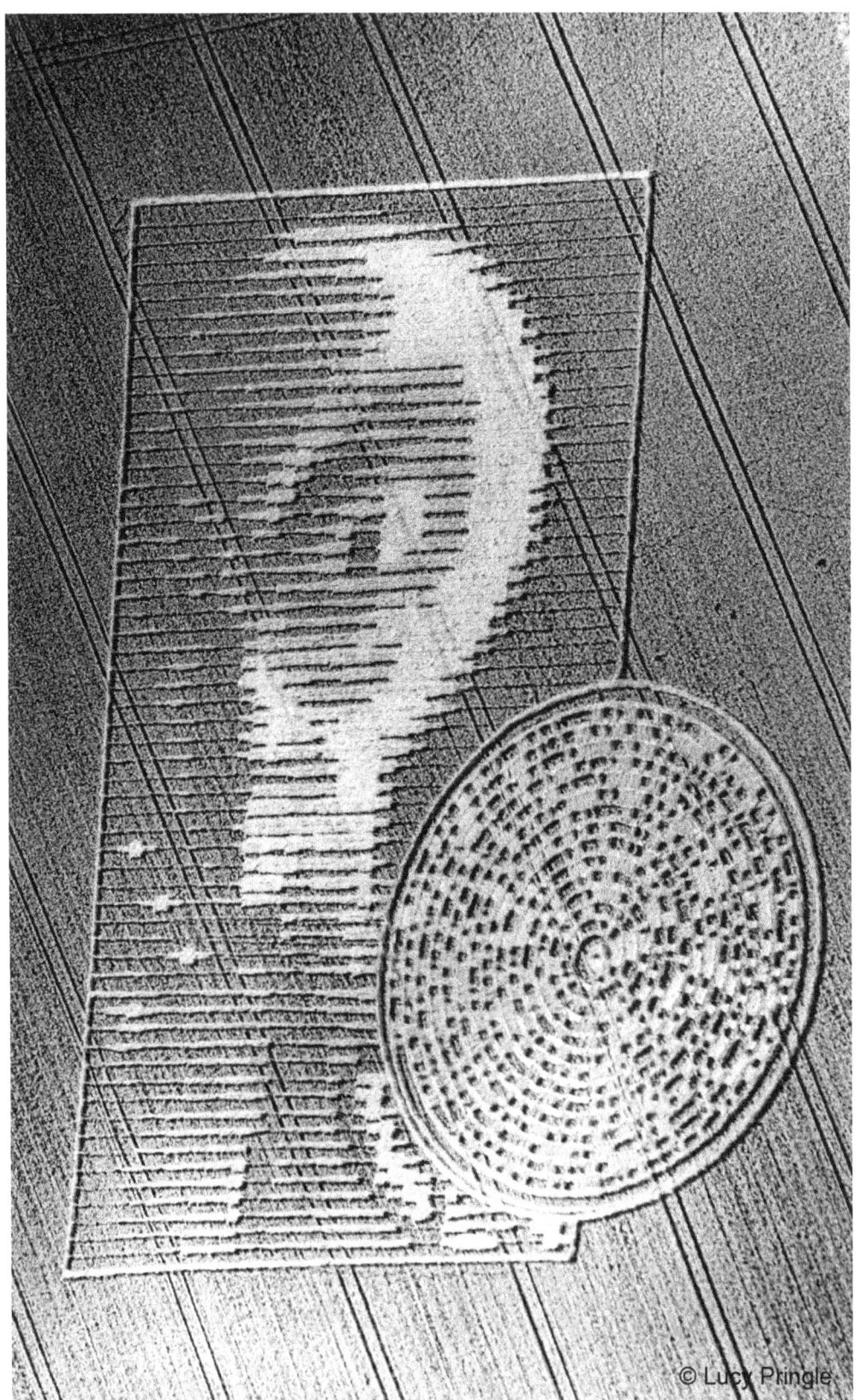

© Lucy Pringle

2- ¿UNA «PAZ GALÁCTICA»?

El científico Enrico Fermi considera que después de sólo unos pocos cientos de miles de años, una civilización que posee la tecnología suficiente para viajar por todo el cosmos, es probable que colonizara la galaxia entera. Por lo tanto se hace la pregunta: *«Entonces, ¿dónde están ahora?»*

Pero no es exactamente cómo son las cosas. Seres extraterrestres están aquí, sin duda, pero están respetando escrupulosamente las directrices de la no injerencia. En un texto Ummita esto se menciona en esos términos:

«La cuestión, es simplemente, para hacer que las personas se vuelvan progresivamente más y más conscientes de la realidad extraterrestre, a través de un cuestionamiento legítimo, sobre los orígenes de estos signos (Crop Circles).» No es para poner a prueba nuestras capacidades intelectuales, ya que nuestros visitantes parecen estar muy familiarizados con ellos! Manifiestan su presencia, pero cumpliendo al mismo tiempo con una ética universal de la no injerencia.

En resumen, no están aquí para colonizar.

La actitud de nuestros visitantes

Su comportamiento parece cumplir con una ética universal de la no injerencia. Sin embargo, los secuestros muestran una comprensión muy flexible de esta ética, en función de la civilización en cuestión. Estas prácticas son claramente perjudiciales, pero no constituyen, en sí mismas, operaciones de guerra. Su peligrosidad no se debe necesariamente a una actitud de agresividad, sino más bien las primeras etapas, de una interferencia, con frecuencia motivadas por la buena voluntad. Es probable que algunos grupos tengan patrones mentales y sociales que llevan a adoptar tal conducta. Simplemente, desde cierto punto de vista, en el seguimiento de su propia ética, estas civilizaciones pueden llegar a ser expansionistas o de intervención, incluso bélica.

No hay evidencia de una invasión beligerante

La extensión de la paradoja de Fermi es que, dado el gran número de visitantes que hay, la probabilidad de nuestro planeta para hacer un desafortunado encuentro no puede pasar por alto. Podemos, incluso, peligrosamente (no se sorprendan) hacer frente a cualquier acción de invasores extraterrestres! De hecho, los textos Ummitas mencionan la posibilidad de *«golpe de Estado planetario»* para evitar cualquier amenaza de destrucción inminente de la Tierra.

«Una solución eficaz sería la bisagra sobre la intervención de una civilización intergaláctica como la nuestra, o por cualquier otra visita, usted podría considerar la posibilidad de tomar las riendas del poder en la Tierra. Sería fácil para nosotros presentarnos con la prueba irrefutable de nuestra identidad. Contamos con poderosos medios de representación. Un grupo de individuos que no exceda de dieciocho (el tamaño actual de nuestro equipo de expedicionarios en la Tierra), equipado con una tecnología apropiada, desde nuestro propio planeta, sería suficiente para forzar a los líderes políticos de las naciones más poderosas a arrodillarse y entregarse, para que el poder fuera transferido a nuestras propias manos. Las naciones más débiles no opondrían ninguna resistencia, ya que tendrían los medios para reducir esa oposición sin necesariamente causar la muerte de nuestros rivales...»*

«Este modelo de intervención es, obviamente, hipotética. Nunca se decide intervenir en su evolución social en condiciones de progreso natural. Sin embargo, estamos considerando seriamente la posibilidad de una intervención, que se llevaría a cabo en caso de que se detectara un riesgo inminente de destrucción de su red social, debido a una conflagración nuclear, con el plasma o las armas bio-tecnológicas (no creemos que la lucha, poniendo en juego, exclusivamente, las armas químicas podrían provocar la extinción de su especie). ... Insistimos: sólo la certeza de que los seres humanos de la Tierra pudieran desaparecer, nos daría el argumento moral que justificara una intervención. En este caso no acabaría, de parar, el proceso de autodestrucción, lo que pondría en práctica el plan descrito anteriormente.» (D1388, enero 1988)

Por lo tanto, la inminencia de una destrucción total de nuestro planeta les causaría una interrupción en sus fines de conservación. En este caso, no sería con la intención de colonizarnos, sino más bien para protegernos: salvar a la Tierra y sus habitantes...

¿Puede haber un control de los puntos de acceso a la tierra?

¿Podemos legítimamente preguntarnos sobre la existencia de un control «exosocial (*)» que impida cualquier forma de colonización y cualquier intervención desmedida?. En otras palabras, ¿no hay en las civilizaciones uno o varios responsables de nuestra seguridad y la integridad del planeta?

Podemos imaginar que una civilización muy avanzada y moralmente muy antigua es conocida y respetada por otras razas. Su papel de supervisión y control de cualquier acceso a nuestro planeta sería respetado por otras civilizaciones menos evolucionadas. Este podría ser el equivalente de un Consejo de Sabios. Los textos Ummitas revelan que sólo vienen a la Tierra si así lo autorizan. Por otra parte, su intervención es evaluada muy juiciosamente y regulada con el in de no perturbar nuestra evolución. Un control sobre los puntos de acceso a la tierra, y, sin duda, a los planetas de nuestro sistema solar existe según los hombres de Ummo. Las intenciones de los visitantes exoplanetarios (*) son evaluadas con el in de conceder la autorización o no, de establecer contacto con la Tierra. Esta autoridad superior extraterrestre, formal o informal, parece proteger a nuestra evolución. ¡Quizás incluso más! Tal vez lo hace también.

¿Juegan un papel central en toda nuestra galaxia, garantizando así una especie de «Paz Galáctica»?

Referencias Ummitas sobre este tema

Han estado en contacto durante unos 1200 años con una raza muy antigua, particularmente avanzada, que ellos llaman «DOOKAians». A partir de esta civilización, recibieron el asesoramiento general.

Preservando al mismo tiempo una total libertad de decisión, los hombres de Ummo afirman que siempre han seguido sus astutos consejos, después de una dolorosa experiencia de la otra opción siguiente. De acuerdo con los Ummitas, los DOOKAians hacen activamente la observación de su planeta y la participación en un amplio sistema de observación y protección de la Tierra. Este sistema consiste en un gran número de civilizaciones, que asegura la función de coordinación y arbitraje, para las misiones científicas de diversas razas que vienen a observarnos. Los hombres de Ummo se refieren claramente a la existencia de una raza, aún se desconoce, que parece vigilar y controlar nuestro sistema solar.

«La interferencia en nuestra evolución se produjo sólo mínimamente, limitándose a dar un impulso a los trabajos teóricos ya avanzados y por nuestros hermanos de DOOKAAIA habían considerado suficiente nuestra estabilidad social para que nos permita acceder a un nivel más alto de la tecnología, aunque todavía muy inferior a la de ellos».

«Tenemos la regla tácita de hacer referencia a otros más evolucionados hermanos (hombres) OEMMII, con quien estamos en contacto para cualquier viaje de exploración que se desea emprender. La regla es aún más estricta en caso de querer entrar en la red social de un planeta de no viajadores OEMMII: tenemos la obligación moral de detallar, de manera oficial, a nuestros hermanos galácticos, por las motivaciones legítimas que parece que lo motivan. A menudo, dada nuestra relativa falta de experiencia, un viaje no es recomendable. Los motivos de este rechazo son rara vez explícitos, pero nos atenemos estrictamente. En este caso, posponemos nuestra misión, en espera de un acuerdo posterior. Siempre hemos aplicado este principio, ya que un desafortunado accidente que tuvo lugar durante nuestro segundo viaje exploratorio terminó con la muerte atroz de nuestros hermanos, asesinados por los habitantes del planeta.»

« Infracciones a esta prohibición, sin embargo, fueron cometidas por los

visitantes que vienen de un sistema estelar del que no sabíamos nada. Estos OEMMII pequeños, con tecnología rudimentaria, tomaron por sorpresa a los hermanos que por lo general controlan el planeta».

«Como se puede deducir, hay un acuerdo tácito de no interferencia entre los diferentes OEMMII viajeros que visitan otros planetas habitados por formas de vida inteligente. Se trata de una simple regla de sentido común que consiste en no incluir en el desarrollo de un planeta, si esta influencia no es necesaria o deseada explícitamente por la raza de OEMMII que lo habita. La única sanción razonable que se aplicaría a los OEMMII que podrían transgredir el acuerdo tácito sería un rechazo total a cooperar con ellos y la creación de los medios científicos, posiblemente coactivos para tratar de frustrar sus acciones. Una sanción en contra de estos destructivos visitantes OEMMII no se emite, salvo en caso de que hubiera una intención evidente o hacer daño, que hasta donde sabemos no ha sucedido en la Tierra, en sentido estricto. En este caso, el grupo de OEMMII que está en la mejor posición para intervenir es libre de hacerlo, siempre que puedan justificar este acto de legítima asistencia a otros herma- nos OEMMII de la galaxia.»
«Por lo tanto una raza de OEMMII cuya tecnología está más allá de nuestra comprensión y que parece que controlan varios planetas, probando los diferentes UEWA (nave interplanetario) que incursionan.» (NR13, 14/04/2003)

Clasificación de las 18 razas extraterrestres

Este capítulo, se refiriere a la existencia de razas extraterrestres mencionadas varias veces en los documentos de Ummo, así como en el documento de Atienza. La tabla de resumen muestra las supuestas o confirmadas razas exobiológicas que nos conocen y nos visitan. Parece justo considerar que hay un gran número de visitantes contemporáneos. Los números hablan por sí solos: al menos han habido diez mil avistamientos de ovnis en los últimos 50 años. Esta carta, por supuesto, está lejos de ser completa, pero reúne todos los datos que conocemos, en términos del nombre, el período de la actualidad, el número de miembros del equipo de la expedición, el planeta de origen, la morfología, la tecnología de transporte utilizada y el propósito de su visita. Hay ciertas áreas desconocidas y algunas incertidumbres acerca de ciertas razas, que parecen bastante natural para un tema en el que práctica- mente no hay referencia de los datos...

Comentarios en algunas razas

El problema de Roswell

Lejos de lo que para la mayoría sería de esperar, el llamado hombre de «Roswell», no es de la raza que «se estrelló» con su nave espacial en Nuevo México en 1947. Todas las fotos y videos sobre el tema muestran un ser que no tiene las características descritas en las fuentes Ummitas. Estos son seres pequeños y filiformes.

Sin embargo, el llamado hombre de «Roswell» es muy masivo y de tamaño medio (1,60 a 1,70 metros). Así, hemos clasificado «el hombre de Roswell» con estas fotos, como una raza desconocida (raza 18). Sin embargo, de esos que llamamos los «Roswellianos», no tenemos fotos disponibles. Esta raza, cuya tecnología es primitiva, pero no convencional se hace referencia como «Raza 15» en nuestra tabla. Ésta parece ser la raza conectada al accidente Roswell. Su tecnología es rudimentaria desde el punto de vista de los hombres de Ummo, ya que tal vez sólo algunas tormentas terrestres y efectos radioeléctricos fueron suficientes para dañar sus naves espaciales. Varios accidentes similares se registraron, en efecto, en la misma época.

Raza 3: Los Salianos

Los Ummitas nos dan las siguientes indicaciones acerca de ellos: «Su filosofía es bastante peculiar. Son monoteístas como nosotros, pero su marco moral no es universal. Ellos consideran que es ético y permisible llevar a cabo todo tipo de experimentos sobre seres que son ajenos a su propio planeta. Esto los hace muy peligrosos para usted y su moral, han visitado otros planetas y su objetivo actual es crear en la tierra OEMII UIIORAA EUUNNA (marco mental anormal y diferente de la costumbre) para observar las reacciones de las personas sujetas a una experiencia y así poder conocer su psique.

«Consideran muy importante cualquier expresión artística accesible a través de medios acústicos (música y letras) y los medios gustativos. Uno de los grupos de la expedición envió agentes a varios países europeos y asiáticos. Dos de ellos llegaron a España antes de que nuestros hermanos se hubieran establecido en su país. Se conecta a un urbanita japonés, a través de un dispositivo de control cerebral, y luego, a través de él, a uno de sus hermanos llamados Fernando Sesma Manzano. Esta civilización, muy avanzada en las técnicas de control cerebral, encuentra una oportunidad de utilizar los seres humanos de la Tierra como conejillos de indias para sus experimentos neuropsicológicos. Con un desprecio absoluto por la integridad biológica de los seres humanos terrestres, optaron por una amplia muestra de seres humanos desafortunados y los sometieron a manipulaciones mentales.»

Raza 6: Urlnians Atienza

El 12 de noviembre de 1968, un encuentro extraterrestre reveló a Fran- cisco Donis Ortiz, la existencia de dos razas exobiológicas en el planeta «Urln», Alfa del Centauro. Una de estas razas es filiforme, pequeños y macro cefálicos (*), el otro está formado por ex-terrestres. En 1550, dos jóvenes huérfanos - nombre de su padre fue Atienza - fueron recogidos por un cuerpo expedicionario Urlnian. Ellos fueron llevados al planeta «Urln» después de una preparación minuciosa de un compartimiento de la nave, para su traslado a

Clasificación 1 (razas de 1 hasta 5)

	1	2	3	4	5

Clasificación 2 (razas 6 hasta 10)

#	6	7	8	9	10
Nombre	URLNIENS et «ATIENZA»	DOOKAÏENS	SOENIENS	VHALAIENS	IOXIENS
Fecha de llegada	a cerca de 1550	Antes 1950	1721	1963	896 antes JC
Fecha de salida	presente en 1968	a priori hasta la fecha	Presencia identificada en1969	Presencia identificada en 1969	Presencia identificada en 1969
Período general del pliegue espacial	1943 hasta 1978	1943 hasta 1978		1943 hasta 1978	
Frecuencia de las visitas	a priori ponctuales			Los equipos descendieron en raras ocasiones	periódicamente
Nombre del planeta	en espanol « urln »	Dookaaia	"Zoen"	«Wvala»	Iox
Nombre de estrella	Alfa Centauri A o B		Beta-hidra-macho 21,35 AL	estrella que no habeis catalogado (en 1969)	Hr003 A
Ubicación anunciada	a cerca de 4 AL			27,88 AL	128,45 AL
Ubicación identificada				61 Virginis 27,88 AL	Estrella de los Peces (33 Psc.) 128,45 AL
Población anunciada (Billion.)	3,1				
Media en metros / Cabeza	1,60 m para Atienza antigua terricoles de América del Sur Urlniens: pequeños?		De acuerdo con los Ummitas: "muy pequeñas" = 0,42 m		De acuerdo con los Ummitas: altos (2 à 3 m)
Aparencia physique	Terrestre Sudamericano				
Lugares implantación	humano de la tierra sudamericano Atienza ex-tierra	misma organización celular que la nuestra			
Objectivos	América del Sur Argentina inicialmente. España			Durante los primeros tiempos en Chile	
			monitorean la Tierra sin descender		Muy inteligentes y con normas morales estrictas

Clasificación 3 (razas 11 hasta 15)

#	11	12	13	14	15
Nombre	2-IENS	FRANESIENS	RAZA 13	RAZA 14	RAZA 15
Fecha de llegada	31 7000 antes JC	561	1906		1947?
Fecha de salida	presencia identificada en 1969		presencia identificada en 2002		
Período general del pliegue espacial					1943 à 1978
Frecuencia de las visitas		muy importante	Equipos descienden con frecuencia		
Nombre del planeta	planeta codificado con el número 2 por sus habitantes		sistema orbital planetas muy complejo		
Nombre de estrella	47 AL (Estrella no catalogada 1969)	70 ophucius a = 70 del serpentare "ooyaunmeeei"			
Ubicación anunciada		17,28 AL	44,37 AL		
Ubicación identificada	De acuerdo con los Ummitas: grandes tamaño (2 à 3 m)	70 ophucius a 17,28 AL	Hr8501 44,39 AL ?		
Población anunciada (Billion.)					
Media en metros Cabeza	Escamosa epidermis, anatomía un poco diferente		muy pequeña (de 0,30 a 0,50 m) Una cavidad craneal importante		De acuerdo con los Ummitas: "pequeno tamaño "
Aparencia physique	En todas partes de la Tierra		piel grisácea		No coincide con la imagen del hombre de Roswell según fuentes de información Ummitas
Lugares implantación	Los más antiguos visitantes de la tierra				Visto en los Estados Unidos
Objectivos			Experiencias y estudios con un alto nivel cultural. Ellos son inteligentes y tienen altos estándares éticos	parecen controlar diferentes planetas mediante una encuesta uewa para incursión	Exploratoria visita "No autorizada", que dio lugar al accidente de sus naves
		Naves de observación sin tripulantes		tecnología muy avanzada	De baja tecnología y poco convencional

Clasificación 4 (razas 16 hasta 18)

#	16	17	18
Nombre	RAZA 16	HERCULISIENS	RAZA 18
Fecha de llegada	1993	A priori, desde 1968	Anunciado como la raza de Roswell (1947), pero no coinciden
Fecha de salida		Presencia identificada en 2001 en Crabwood Farm y por lo tanto desde 1990 para la realización de los Crop Circles	
Período del pliegue espacial	1993 à 1999?		
Frecuencia de las visitas		importante	
Nombre de estrella		Mu Herculis A	
Ubicación identificada		Mu Herculis A a 27,4 AL	
Población anunciada (Billion.)		21,3	
Media en metros		1,008	1,50 hasta 1,70m
Cabeza			
Miembros	4	4 filiformes	4, typo humano, 6 dedos
Aparencia physique		filiformes	
Lugares implantación	Pretare d'Arquata, Italia	UK y en otros países	
Naves		El uso de bolas de plasma a distancia para hacer los Crop Circles	

Las fuentes documentales que han hecho posible la presentación de las razas exoplanetarias, por n° de raza.

N° RAZA	1	2	3	4	5
*Sources du site Ummo-Sciences.org et catalogue Darnaud	D21, D69, NR18, E33, D1378, NR13	D1378	D53 D1378	D1378	D1378 E33
N° RAZA	**6**	**7**	**8**	**9**	**10**
*Sources du site Ummo-Sciences.org et catalogue Darnaud	D88, D89, E37 (documents Atienza) E33, NR14 http://www.physi.uni-heidelberg.de/	NR13 D41-1	E33	E33	E33
N° RAZA	**11**	**12**	**13**	**14**	**15**
*Sources du site Ummo-Sciences.org et catalogue Darnaud	E33	E33 D41-1 D41-16	E33 NR14 http://www.physi.uni-heidelberg.de/	NR13	NR13 http://www.chez.com/lesovnis/et/debatef.htm
N° RAZA	**16**	**17**	**18**		
Sources et Documents Associés	Http://www.chez.com/lesovnis/et/debatef.htm	www.cropcirclesearch.com/ Document oummain : NR17	Pas de sources oummaine ou autre concernant cette ethnie		

un planeta lejano y la creación de una casa de cristal, como un invernadero preservando una atmósfera interna artificial similar a la de la Tierra.

Del mismo modo, un suelo similar a la de la Tierra fue fabricado, para que pudieran crecer las plantas de la Tierra. Los mejores pedagogos de «Urln» entra- ron en este refugio especial donde fueron alojados los niños de la Tierra, y les enseñó la manera de comunicarse con ellos y sobre todo la moral, las normas sociales, políticas y religiosas que les permitan ser mental- mente integrados con la población de «Urln». Pronto, los niños comenzaron la exploración fuera de la pequeña ciudad de cristal, pero por lo general se mantuvieron en el interior, con el in de moverse libremente, evitar el riesgo de accidentes y de las grandes dificultades para ponerse y usar un traje hermético. Ha habido desde entonces doce generaciones que se han adaptado a este estilo de vida, los descendientes de la primera pareja y otros hombres y mujeres de la Tierra que, en raras ocasiones, también se transportaban desde la Tierra a «Urln». Los últimos descendientes en esta generación duodécima son hombres y mujeres que están mentalmente mucho más evolucionados que los terrícolas contemporáneos, aunque morfológica- mente se han mantenido casi idénticas. Su altura media es estacionaria, el peso del cerebro y la capacidad del cráneo es ligeramente superior, con una tendencia a aumentar, y la fertilidad masculina es menor, lo que requiere, por un lado, para casi todas las personas transportadas desde la Tierra a «Urln» sean hombres y, por otro lado, que se establezcan la poligamia entre el centenar de descendientes de los terrícolas que viven en «Urln». Mientras que en la Tierra el número de nacimientos de hombres y mujeres es casi equivalente, entre los miembros de la raza que han emigrado en «Urln», hay muchas más niñas que niños que nacen y los científicos de «Urln», aunque son muy avanzados en genética, no pueden determinar con certeza las causas de esta diferencia, que atribuyen a los cambios en la dieta, la gravedad, la temperatura y el estilo de vida, especialmente, en estas pequeñas ciudades herméticas con un ambiente sintético. Al igual que los animales de la Tierra en cautiverio, tienen diferentes patrones de reproducción (sin ningún tipo de comparación y sin faltar al respeto), los seres humanos de la Tierra, trasladados al «Urln», pierden su fertilidad. Esta es una fuente de gran tristeza para la raza y emigraron seres inteligentes de «Urln» que los apoyan, ya que ven en esto la prueba de que, tal vez, no agrade a Dios, trasladar un ser de un planeta a otro. Los ATIENZA-Urlnians son muy regulares, y los terrícolas igualmente tienen algún problema para re-adaptarse a la vida en la Tierra. Sin embargo, mentalmente esto sería imposible, porque su estilo de vida es muy diferente al de la Tierra. Esto implicaría constantes conflictos.

Raza 12:

«Franesians» se mencionan en los documentos Ummo (D41-16 y E33). Son una raza procedente de la «70 de la Serpentina». Esta raza se puede dividir en dos razas exobiológicas provenientes de dos planetas distintos de este sistema solar.

Raza 17:

Herculisians - el nombre que le dieron a estos exoplanetarios (*) la raza de Mu Herculis A - son los creadores de Crop Circles. Son pequeños, macrocefálicos (*), viven en un planeta cuyo sol se está expandiendo, lo que les ha obligado a migrar de un planeta a otro. Su conocimiento de la Tierra se remonta a finales de la década de 1960, antes del programa SETI y otros programas de Investigación de Inteligencia Extraterrestre. Los hombres de Ummo hablan de ellos en estos términos: «... sabemos que la raza OEMMII es quien realiza los Crop Circles. La moralidad de estos OEMMII es muy alta.»

Visitas desde tiempo inmemorial:

Los documentos Ummitas se refieren a visitas de exocivilizaciones, hay más de 30 000 años a lo largo de nuestra historia. Aún hay muchas huellas de otros textos religiosos en la tierra: las máquinas voladoras descrito por Ezequiel (Biblia I 4-14 y 15-28), la guerra aérea del Ramayana, la epopeya de Gilgamesh (Abed Ed Azrié Internacional de París 1979 p.143), el Elohim de Génesis (El VI Biblia 1 -4), los vigilantes de los cielos hablan de Enoch (Libro de Secretos de Enoc VI 2.1, 6, 1-2 VII, VIII, 1-3; X 10), Los Inmor-

tales, el Hijo o los Reyes Celestiales del Este y China (Pauthier G., Le Chou Rey, Part.III, Cap Ed X-2 en la oicina de las Obras Literarias Panteón de París, 1852), Japón «Tierra de los Dioses «(Arnold Toynbee, la civilización de la prueba, Gallimard, París, p. 89, 1951), El Vira Cochas América del Sur, los incas, los grandes dioses del antiguo Egipto, el primogénito de los dioses y héroes de la antigua occidental. Al este y así sucesivamente. Homero describe la aparición de varios escudos de fuego. Anaxágoras dijo que vio la luz celeste del tamaño de un gran haz de luz. Daimachos dijo que una bola de fuego atravesó el cielo en varias ocasiones durante la Olimpiada 78. Autores latinos, Dión Casio, Plinio el Viejo, Tito Livio, Cicerón Jumius Obsequens relacionan la aparición de luces en el cielo, los escudos de fuego, lunas y soles múltiples esferas volando color dorado. En China y Japón, durante la Edad Media, se divisaron muchos casos similares a los modernos fenómenos OVNI. El Monasterio Detchani construido en Yugoslavia entre 1327 y 1335 fue decorado con frescos que representan ángeles a bordo de los buques que navegan en el cielo. Año kilómetros en
1500, narra diversas observaciones citadas en el cielo: esferas, ruedas, lanzas o barras de luces en movimiento rápido o más lento. Todos estos fueron expuestos en el informe COMETA, el comité establecido para hacer un balance de todo el conocimiento y las observaciones de OVNI en Francia y en todo el mundo. Este informe fue presentado al Gobierno francés en 2000.

Recientes excavaciones arqueológicas revelan rastros de la lengua francesa el conocimiento del fenómeno, hace 4000 años. Debajo y por encima en contra de las estelas Célticas descubiertas en el yacimiento arqueológico de Taennchel en Alsacia. Están fechadas en torno -2000 AC. Los detalles de estos extraordinarios descubrimientos son presentados por Michel PADRINES en «OVNI INVESTIGATION» Édiciones les "Enquêtes Inédites de l'Impossible".

Piedra redonda tallada con una representación de una máquina voladora lenticular (fecha: -2000 AC)

estela Celta - 2000 A. C.

homínido extraño ojos almendrados, orejas puntiagudas

estela Celta - 2000 A. C.

© Michel PADRINES

© Michel PADRINES

© Michel PADRINES

Objeto lenticular y representación de la Osa Mayor

D57-3 Descubrimiento de la Tierra - Llegada y primeros días

DESCENSO EN OYAAGAA (TIERRA) DE NUESTROS PRIMEROS HERMA-
NOS

Los seis OEMII (PERSONAS) que partieron por primera vez para este Planeta
fueron:
- OEOEE 95 Hijo de OEOEE 91: Especialista en BAAYIODUIII (BIOLO-
GÍA) Entonces con 31 años de edad terrestres. Director de los expedicionarios.
En la actualidad ocupando la función de OGIIA (JEFE) de coordinación, desde
UMMO, de los hermanos aquí desplazados

- UURIO 79 Hijo de IYIA 5: Experto en BIIEUIGUU (Psicobiología
humana) Entonces con 18 de edad terrestre. (Único de aquella expedición que
aún queda en este Planeta)

- INOOO 33 Hija de INOOO 29: Experta en OOLGAA GOO (Física de
la Estructura de la Materia) 18 años de edad terrestre.
- ODDIOA 1 hijo de ISAAO132: Especializado en AYUU WADDOSOOIA
(Comunicaciones) de 78 años de edad terrestre

- ADAA 66 hijo de ADAA 65: Técnico en AYUYISAA (SOCIOLOGÍA) de
22 años de edad terrestre. (Único hermano nuestro fallecido en la Tierra.
Murió el 6 de Noviembre de 1957 en Yugoeslavia, víctima de un accidente. (Su
cuerpo no pudo recuperarse).

- UORII 19 Hija de OBAA 7: Experta en Patología del Sistema Digestivo.
32 años de edad terrestre.

Todavía recuerdo las imágenes de la partida que yo mismo vi en la
pantalla hemisférica de mi UULODASAABII (Aposento semiesférico que en
nuestras SAABI o viviendas, nos sirve para contemplar imágenes a distancia.
No sería muy exacto compararlo a los equipos de Televisión Terrestre). Tres
OAUOOELEA UEUA OEMM (NAVES en forma lenticular para los viajes galácticos) partieron de nuestro UMMO con destino a OYAGAA (PLANETA TIERRA).
Incluso en lo que respecta al tiempo más favorable para la partida no fuimos
muy afortunados. Se preveía la posibilidad de que varios XEE (AÑOS UMMO)
después, las condiciones isodinámicas del Espacio fueran excepcionalmente
favorables. (Hubiéramos llegado a la Tierra durante el año 1952 realizando el
viaje en menos de 30.000 UIW) (Nota U-C: 64.4 días) (por la distancia increí-
blemente corta que en esa época se gozó). Más la probabilidad de que tales
previsiones se cumpliesen fue evaluada en un nivel lo suficientemente bajo
para que la decisión de la marcha fuera decretada con antelación.

Los expedicionarios portaban un mensaje con complejas instrucciones que permitiesen una trascripción relativamente rápida a los idiomas terrestres, dirigida por el Consejo General de UMMO al Consejo o Jefe de los habitantes de este Planeta, para el caso de que los terrestres interceptasen a nuestros hermanos.

Esta carta, impresa sobre lámina de GUU (Aleación de Hierro, carbono y Cromo-Vanadio) portaba una serie de imágenes ideográficas, representando actitudes y gestos humanos, combinados con figuras geométricas, y cifras expresadas en sistema binario. La interpretación de su contenido por los expertos en filología y semántica terrestre, no hubiera sido difícil, permitiendo así la probable primera comunicación de nuestros expedicionarios, con el que suponíamos GOBIERNO GENERAL DE OYAAGA (Planeta Tierra).

El equipo que había de ser trasladado por el grupo de explorador, era complejo pero reducido en cuanto a volumen y masa. Desconocíamos el valor del coeficiente BAAYIODIXAA UUDII (Intraducible: La ciencia Biológica de la Tierra no ha desarrollado aún este importante concepto. Se trata de una fórmula que expresa las condiciones de equilibrio biológico que se verifican en un medio dado. Cada OYAA (Planeta) posee unas condiciones peculiares que permitirán o no la existencia de un ciclo biológico del carbono en su Troposfera. El desarrollo biogenético de la morfología de animales y vegetales será en función de una serie de constantes físicas.

Este desarrollo biogenético, no es pues consecuencia del simple azar, aunque éste interviene en grado no despreciable a niveles subatómicos en el desarrollo de los genes. De modo que la forma y estructura fisiológica de las especies variará considerablemente de un Planeta a otro tanto más cuanto más simple sea la constitución celular del ser vivo.
No sólo las especies de virus filtrables de UMMO son distintas totalmente a las de la TIERRA, sino que incluso al nivel de los animales pluricelulares complejos, es casi imposible encontrar grandes analogías con las especies conocidas por los terrestres.

La fórmula que expresa el BAAYIODIXAA UUDIII (Función compleja en la que están integrados multitud de parámetros, tales como: Aceleración de la Gravedad, Ozonización atmosférica, intensidad de radiación Gamma, presión y composición atmosférica, espectro y radiación solar, ciclo gravitatorio de los posibles satélites y planetas cercanos, gradiente electrostático atmosférico, corrientes eléctricas telúricas, etc., etc. que junto a la composición porcentual de los elementos químicos de la corteza del Planeta, permite predecir cual será la orientación evolutiva de los seres vivos, independientemente de otros factores que puedan alterarla, como, radiaciones provocadoras de mutaciones y autoselección por influencias imprevisibles del medio.

Esta Fórmula o coeficiente, es de una importancia trascendental cuando se trata de analizar la posibilidad de un viaje interplanetario. Pero desgraciadamente no es fácil conocer su valor exacto, sin un estudio laborioso «in situ». Sin ella, los exploradores se arriesgan a introducirse en un medio biológico adverso, en el que pueden ser víctimas no sólo de enfermedades infecciosas, contra cuyos gérmenes el organismo,adecuado ya a otro ambiente, carece de las más elementales defensas, sino que falto de los medios profilácticos convenientes, el OEMII puede perecer irremisiblemente, tan pronto la carencia de equipo protector de la epidermis y órganos externos expongan éstos a la influencia del nuevo medio.

Estos equipos protectores son distintos a las escafandras especiales utilizadas por ustedes en la exploración exterior y submarina. El individuo es dotado de una nueva epidermis plástica, que permite la transpiración impidiendo al mismo tiempo la filtración a través de sus poros, de agentes químicos o biológicos. Previamente se disponen cerca de los orificios naturales, una serie de dispositivos con funciones adecuadas a las necesidades de cada órgano. Así: unas cápsulas alojadas en las fosas nasales generan oxigeno y nitrógeno, a partir de la tramutación del carbono puro. Además: el anhídrido carbónico es captado por el mismo dispositivo, es descompuesto en sus elementos básicos, Carbono, oxígeno y tramutado (Ustedes dicen Transmutado: término que nos parece incorrecto) el primero (con liberación energética) que se utiliza para el caldeo de la epidermis.

Los ojos y la boca van protegidos convenientemente. Así los primeros están equipados con un sistema óptico integrado por lentes de gas, que controladas por un computador, permiten la adecuación de la visión, tanto en un medio atmosférico, como en el vacío de los espacios siderales.

Un doble tubo que conduce a un equipo colocado en la región lumbar, termina en un dispositivo sujeto al labio inferior. El tubo está dotado en su interior, de cilios mecánicos que impulsan lentamente en su seno unas cápsulas que contienen diversos alimentos concen-trados. Estas cápsulas de sección elíptica están protegidas por una delgadísima película gelatinosa muy soluble en la saliva. Una señal transmitida mediante codificación, por el párpado (Abriendo y cerrando éste una serie secuencial de veces) impulsa distintas cápsulas hasta la boca, para la alimentación del hermano explorador. La otra conducción transporta un suero nutritivo, con distintas concentraciones reguladas. El agua necesaria se obtiene en gran parte a partir de la propia orina del individuo (Tras un proceso de eliminación de sales, seguido de purificación integral y endurecimiento del agua químicamente pura, mediante carbonatos).

Los oídos van provistos de sendos transductores acústicos activados por una UAXOO-AAXOO (Emisor receptor por ondas gravitatorias), que sirve para transmitir cortos mensajes entre los componentes del grupo). Los mensajes o conversaciones de cierta duración, se realizan casi siempre por vía telepática.

Una sonda que se introduce en el recto, a través del ano recoge las heces fecales, previamente tratadas con una corriente turbulenta de agua a 38 grados centígrados terrestres, succionándolas un dispositivo fijado en las nalgas. Allí son descompuestas en sus elementos químicos básicos parte de estos son gasificados y transmutados en oxigeno e hidrógeno que servirán para la obtención sintética del agua. Líquido que compensará el ciclo de ORINA-AGUA para INGESTIÓN, en sus pérdidas de transpiración. El resto de los elementos son tramutados (Transmutados) en IODO que se expulsara en forma gaseosa al exterior.

Una vez adheridos todos estos dispositivos, (de pequeño tamaño todos ellos) a la epidermis, el individuo, desnudo, es pulverizado con distintos aerosoles protectores. Todos ellos forman una fina película elástica, que constituye una verdadera epidermis protectora. El sujeto goza así de libertad de movimientos, puede vestirse con ropas especiales y maniobrar libremente en el seno de una atmósfera adversa desde el punto de vista biológico. Sin embargo esta nueva epidermis, esta nueva piel, no le protege por supuesto de los efectos expansivos de la presión sanguínea, al encontrarse por ejemplo en la superficie de un asteroide desprovisto prácticamente de atmósfera.

En estos casos el explorador, no utiliza ninguna escafandra especial supletoria. La capa más superficial es recubierta ahora por una nueva corteza plástica metalizada, que observada por un dispositivo óptico de gran aumento, presenta una estructura reticular (Una auténtica malla) Si bien los movimientos corporales son ahora más lentos por la mayor rigidez del sistema, no imposibilita el dinamismo general del OEMII.

Aparte de estos equipos individuales, los expedicionarios iban dotados de dispositivos para la conversión de NITRÓGENO, CARBONO, OXÍGENO, HIDRÓGENO del AGUA en Hidratos de Carbono y otros componentes básicos para la Alimentación de emergencia, a utilizar en OYAAGAA en el caso de que las moléculas proteicas, aminoácidos, y ésteres de los alimentos terrestres fueran inversas a las de UMMO (Todos ustedes saben que cada molécula orgánica asimétrica, puede adoptar dos formas en el espacio. Dextrógira y levógira).

Así mismo eran precisos aparatos para la purificación del agua y síntesis de la misma, equipos de sondeo, fotografía (Nosotros utilizamos otros sistemas de fijación de imágenes, por lo que en este caso, el vocablo FOTOGRAFÍA no es correcto). Equipos XOOIMAA UYII (Para el sondeo geológico). UULUEWAA (Dispositivos que permiten captar sonidos y tomar imágenes, o controlar los distintos factores físicos del medio, controlados a distancia) así como dispositivos de defensa, cuya naturaleza no podemos revelarles por razones obvias. La dotación se completaba con detectores especiales para la medida de magnitudes físicas, registro de funciones geológicas y atmosféricas, y equipos de telemetría, análisis molecular y espectral.

Como les decíamos en un informe precedente, se estudió a fondo, la estrategia a seguir ante los habitantes de OYAAGAA (PLANETA TIERRA). Ignorábamos los medios de detección o control a distancia que poseían ustedes. Así por ejemplo en nuestro viaje de estudio, que ya les hemos relatado, se registraron emisiones de onda en 1347 Megaciclos y 2402 Mc (llamadas por ustedes ondas decimétricas) nosotros ignorábamos que tales bandas estuviesen asignadas a los servicios de radiolocalización (RADAR TERRESTRE), de todos modos asignábamos un valor probabilístico a tal posibilidad. Si pese a todo, nuestros hermanos no fueran detectados, tenían orden de montar un observatorio subterráneo dotado de las instalaciones de emergencia, para la obtención sintética de agua y de los depósitos de alimentos básicos, dejados por nuestros UEWA (NAVES). Unas instalaciones para la obtención sintética (de emergencia) de Hidratos de Carbono y Lípidos (grasas comestibles) a partir de la tramutación del silicio y aluminio (Conocíamos la existencia de arcillas en la superficie terrestre) solucionaría en último extremo el problema de la alimentación, en el caso de que se prolongase angustiosamente la forzosa estancia si nuestras OAWOLEA UEWA (NAVES) tardaban en llegar.

Desde el observatorio se iniciaría todo un ciclo de estudios de las características geológicas, atmosféricas y biogenéticas de este Planeta. Era por entonces imposible prever después el giro que tomaría la situación y hasta que punto resultaría factible la observación de la estructura psicológica de la Red Social Terrestre. Las decisiones respecto a la forma de actuar para estudiar a los hombres de la Tierra, deberían adoptarse por los mismos expedicionarios, una vez en el planeta desconocido.

A las 4 horas, 16 minutos y 42 segundos TMG, (Hora terrestre de GREENWICH), se verificó la OAWOOLEAIDAA (Este vocablo es intraducible a idioma terrestre). Se denomina así al instante crítico en que la Nave interplanetaria UEWA OEMM con sus pilotos, sufre una inversión axial de sus partículas subatómicas, lo que supone la sustitución de un sistema referencial de tres dimensiones por otro. Este cambio de dimensiones nos es preciso para realizar un viaje utilizando la distancia real más corta, distinta por supuesto de la distancia que recorre la luz en el otro sistema referencial del espacio tridimensional en que vivimos normalmente. La Owooleaidaa vista por un observador que se encuentra en tierra, presenta peculiaridades muy singulares. Por ejemplo: el UEWA (NAVE INTERPLANETARIA DE FORMA LENTICULAR)

Aparece repentinamente como surgida de la nada, o desaparece automáticamente cuando el proceso es inverso. En realidad la desaparición es aparente puesto que la nave sigue existiendo en el seno de otro sistema de tres dimensiones. Sin embargo otra nave que desease perseguirla dentro del mismo marco tridimensional, no solo se vería imposibilitada de verla, sino de establecer cualquier tipo de contacto con ella (Tanto contacto mecánico, como radioeléctrico o gravitatorio). El vivo color de tono anaranjado, que desprenden nuestras UEWA se debe a una incandescencia peculiar provocada artificialmente para descontaminarla de todo tipo de gérmenes vivos que pueden adherirse a su superficie. Gérmenes que de no adoptar esa precaución, serían también «invertidos tridimensionalmente» y portados a nuestro Planeta con las imprevisibles consecuencias de orden biológico fáciles de presumir.
Los pies extensibles de las naves apenas se hundieron en el terreno rocoso de una estribación alpina, cercana al que luego hemos identificado como el Pico de «CHEVAL BLANC» de 2322,95 metros sobre el nivel marítimo medio, y de la pequeña corriente fluvial del «BLEONE».

Durante unos 20 UIW, nadie salió de nuestras naves, en espera de un presunto ataque, nuestros equipos sondearon en un radio de 800 metros la posible emisión de radiaciones infrarrojos provenientes de seres humanos.

Una gran nubosidad impedía a esas horas la visión directa de los alrededores. Las imágenes obtenidas con gama de ondas de 740 milimicras de longitud de onda, permitieron sin embargo visualizar los alrededores. Plantas de morfología extraña crecían en las cercanías. La morfología erosionada del terreno permitía reconocer algunos accidentes acusados como el cauce del río citado. Hasta la mañana siguiente no se logró identificar la naturaleza de un grupo de luces mortecinas que aparecían en tres puntos definidos de la lejanía.

Cerciorados de que no aparecía rastro detectable de seres humanos en las proximidades, bajaron cuatro de nuestros hermanos, no expedicionarios de los treinta y seis que componían la dotación total de las tres naves.
Iban dotados de equipo protector y dispositivos de defensa. Una de las UEWA se mantuvo suspendida a 30 centímetros del suelo para cubrir su retirada en

caso de ataque. En parejas, se dedicaron durante 10 Uiw a la exploración de los alrededores, sondeando continuamente el suelo para detectar probables sonidos subterráneos provenientes de instalaciones humanas en el Subsuelo. A ustedes tales precauciones les parecerán ingenuas, pero para nosotros, entonces, la hipótesis de habitabilidad subterránea de los seres humanos terrestres no estaba descartada ni mucho menos.

Aquello sin embargo parecía desértico. Fueron recogidos del suelo algunos insectos y arrancadas algunas especies vegetales identificadas después según la clasificación botánica de la Tierra como «Valeriana Celta» y «Erica Carnea» y llevados a la Nave donde todos pudieron examinarlas con alborozada curiosidad. Como era de esperar la morfología de aquellos pequeños animales y plantas difería de las especies conocidas en UMMO.

Era preciso realizar la perforación fundiendo a gran temperatura arenisca y calizas. La alta composición silícea del suelo provocó al principio un serio problema que fue rápidamente resuelto. Los materiales así fundidos fueron transmutados en un isótopo de Nitrógeno. De ese modo al exterior no aparecían montones de tierra que hubieran revelado nuestra presencia a presuntos observadores humanos terrestres.

Se trabajó toda la noche hasta las 7 horas. Poco antes del alba nuestros UEWA se desplazaron a un pequeño bosquecillo de extraños árboles de hoja filamentosa identificados después con el nombre terrestre de «PINUS MONTANA».

La Galería abierta en el subsuelo de 4 metros de longitud, a una profundidad de 8 metros, y entibada con IGAAYUU (Especie de CIMBRAS extensibles modulares de una aleación de Magnesio muy liviana) se mantenía a una temperatura muy elevada (Unos 500 grados) pese a que la fusión por medio de un proceso energético nuclear, de los productos o compuestos del subsuelo va acompañada después de un rapidísimo enfriamiento. Era preciso además resolver el problema de la condensación del vapor de agua en forma de nubecillas que desprendiéndose de la galería en una alta columna podía revelar nuestra presencia. Fue preciso obturar la boca del túnel o galería con una lámina plástica y recoger por aspiración los humos desprendidos a partir de la combustión de las substancias orgánicas del suelo.

El nuevo día deparó a los expedicionarios un bello y nuevo espectáculo. Por primera vez se encontraban cara a cara con un nuevo Mundo, una estructura geológica nueva. El cielo resultaba más añil que en UMMO. Numerosos estratocúmulos empañaban aquel día el cielo de la región. Pronto fueron advertidas la presencia de dos estructuras artificiales (Viviendas humildes) situadas a 1,3 y 1,9 Kilómetros respectivamente. Fueron perfectamente aclarados los orígenes de las luces vistas de madrugada, correspondían a las ciudades o poblaciones pequeñas de DIGNE y LA JAVIE. La forma anárquica de las extrañas construcciones nos llamaron la atención. En DIGNE aparecía dominante una extraña torre, que luego hemos sabido corresponde a una antigua Catedral Católico Romana del Siglo XIII. Los instrumentos ópticos de gran aumento, revelaron las imágenes de los primeros seres terrestres. No se acusaba actividad excepcional o nerviosismo en aquellas personas, tal vez ajenas a la presencia de nuestros hermanos en sus cercanías.

También a una distancia de 200 metros fueron encontrados unos extraños pilares prismáticos con otros materiales artificiales. Todo en evidente estado ruinoso. Se encontraban con la primera obra registrada, proveniente de los seres humanos terrestres. Luego hemos sabido que se trataba de una antigua pequeña nave para almacenamiento de piensos, pero el descubrimiento llenó de emoción a nuestros hermanos. Se tomaron muestras de los pilares y se radiografió su interior. El análisis mostraba la presencia de una sustancia aglutinante de mezcla compleja en la que intervenían Sulfato cálcico, aluminatos y pequeñas cantidades de óxidos minerales (Luego hemos sabido se trataba de Cemento sobresulfatado) así como fragmentos de roca y arena en proporción dosificada casi constante (Luego hemos sabido que se trataba de áridos clásicos en la TIERRA para Hormigón.) El análisis interior de esas columnas presentaba unas varillas de composición férrea evidente.

Seis de nuestros hermanos (cuatro GEE y dos YIEE) descendieron aquella madrugada (Véase el informe que les remitimos). Les relatamos que la primera operación realizada, fue excavar una galería para ubicar los equipos de los expedicionarios y que sirviese al mismo tiempo de albergue preservado frente a un hipotético ataque de los terrestres.

Se almacenaron en esta galería, alimentos sintetizados que permitiesen sobrevivir a nuestros hermanos durante 240 XII (Un Xii equivale a una rotación de nuestro Planeta: unas 30,9 horas).

El día 29 de Marzo concluyeron los trabajos de adaptación de la galería subterránea. Fue preciso acelerar la refrigeración de sus paredes para permitir el almacenamiento del material (A los ingenieros terrestres les puede extrañar este dato referente a la refrigeración. Pero es que nuestros métodos de excavación difieren de los terrestres. Nosotros procedemos a la fusión a altísima temperatura, de las rocas arenas y limos del terreno, controlando la expansión de los gases que son inmediatamente transmutados en Nitrógeno y Oxígeno. Además de conseguir una mayor rapidez, evitamos múltiples efectos secundarios como las expansiones que tienen lugar al transformarse la anhidrita en yeso por contacto con el agua (Por supuesto previamente se realiza un estudio geológico del Terreno pero no por medio de métodos sismográficos o sondeo eléctrico sino por análisis del entorno con un procedimiento estereográfico parecido a los Rayos X Terrestres. Se obtiene así una imagen que revela no sólo la composición de los diferentes estratos, sino la ubicación de bolos situados a gran profundidad. Los sistemas de entibado guardan cierta semejanza con los terrestres (En UMMO se construyen por ejemplo los módulos de entibación «in situ». El sílice y el titanio de las rocas una vez fundido es tramutado en Magnesio y Aluminio con los que allí mismo se van construyendo IGAYUU (Arcos metálicos parecidos a las cimbras terrestres).

Decimos que fue preciso acelerar los trabajos por la inquietud que hacía presa en los expedicionarios. En primer lugar se ignoraba si las condiciones isodinámicas del espacio variarían en los siguientes UIW (UIW Unidad de Tiempo de UMMO) impidiendo el regreso en condiciones de tiempo aceptables, del resto de la Tripulación. En segundo lugar, la noche anterior, habían sido trasladados las UEWA OEMM (ASTRONAVES) a un bosque de pinos cercano, pero pese a todo se temía la posibilidad de que fuesen avistadas por habitantes terrestres. No era prudente estacionarlas allí de modo que a las 11 horas de la mañana del 29 de Marzo (Hora francesa) los exploradores y los tripulantes celebraron una emotiva despedida Tenemos imágenes de aquel acto. Las manos de cada uno en el pecho de su hermano como es nuestra costumbre, cerraron el momento de la partida; nadie pronunció una palabra.

Los ojos lo decían todo. 30 tripulantes subieron a las naves. Pronto estas iniciaron el proceso de AIAIEDUNNII (Las zonas superficiales exteriores elevan su temperatura hasta la incandescencia, de ese modo los gérmenes vivos son destruidos consiguiéndose una esterilización perfecta, esta medida es necesaria, puesto que tanto los microorganismos como los virus pueden ser invertidos en sus dimensiones y realizarían el viaje espacial, llegando a nuestro Planeta)

Los tres UEWA se elevaron a una altura de unos seis Kilómetros. Los exploradores contemplaron su aparente desaparición al producirse a ese nivel la segunda OAWOOLEAIDAA para el regreso.
Ese mismo día dos de nuestros hermanos recibieron la orden de realizar una primera exploración a cierta distancia de la Galería, mientras los restantes proseguían los trabajos en ella.

La entrada de la Galería se encuentra en una de las estribaciones montañosas de aquella región, no muy lejos del pico de «Cheval Blanc». Desde allí se domina todo el valle por el que corre el río Bléone. Con buen instrumento óptico se divisan perfectamente los edificios de Digne, su vieja Catedral e incluso, fragmentadamente, puede observarse el Bès y algunos tramos del ferrocarril. También se puede observar perfectamente el Caserío de La Javie y algunas edificaciones humildes de los alrededores. Como noticia interesante les diremos que la histórica galería aún se conserva, encerrando en su interior parte del equipo científico original que llevaron nuestros hermanos. Su acceso está camuflado perfectamente. El día tal vez no lejano en que nos presentemos oficialmente a los Organismos gubernamentales de este Planeta haremos donación de sus instalaciones al Gobierno Francés, como agradecimiento simbólico de nuestra Civilización a la de los Terrestres.

La primera exploración de nuestros hermanos, realizada al atardecer del día 29 de Marzo dio un resultado imprevisto para nosotros. A ustedes el incidente puede parecerles vulgar y juzgar nuestra ponderación ingenua e incluso cómica, pero el resultado impresionó fuertemente a nuestros hermanos. Para comprendernos mejor es preciso que se sitúen ustedes en el marco mental de unos OEMII (HOMBRES) que acaban de llegar a un Planeta desconocido de cuyos medios de expresión sólo conocían unos sonidos modulados registrados por nuestros equipos de detección radioeléctrica, y cuya jerga ininteligible todavía no ofrecía aún bases de estudio serias.

Hacia las seis de la tarde de esa fecha ADAA 66 hijo de ADAA 65 merodeando por los alrededores en compañía de otro hermano, y mientras arrancaban de aquí y de allá ramitas y hojas de los desconocidos arbustos, para analizarlos después, observó en las cercanías de dos altos árboles (seguramente serían Pinos aunque el informe no lo especifica) unas piedras amontonadas y ennegrecidas. La estructura de los fragmentos de roca la identificaban como calizas. Unas cenizas esparcidas por el entorno hacía adivinar que habían sido utilizadas para una fogata, pero no era eso lo más interesante. A 1,8 Enmoo (1 ENMOO = 1,9 metros) localizaron unos fragmentos de lámina blanco amarillenta, flexible y quebradiza, arrugada y llena de caracteres o signos evidentes escritos por seres humanos. Tres de ellos aparecían manchados por heces fecales. Multitud de desconocidos animales voladores (Pueden figurarse que se trataría de moscas o moscardas) emprendieron el vuelo.

El descubrimiento fue juzgado tan trascendental que inmediatamente regresaron a la galería. La estructura microscópica de aquellas hojas fue analizada enseguida, la textura era desconocida para nosotros, pues en UMMO no se utiliza la pasta de celulosa para la fabricación de papel. Los signos o tipos codificados revelaban que no habían sido manuscritos sino impresos por medio de moldes estándar. Indudablemente se había utilizado algún vehículo líquido para la impresión (TINTA DE IMPRENTA) esto era extraño a nosotros, pues nuestros antiguos sistemas de Impresión de caracteres para su lectura, o empleaban un sistema electrostático de proyección de polvo coloreado, o quemaban ligeramente la superficie de la lámina impresa. (En la actualidad nuestros sistemas se basan en virar las moléculas de la lámina donde se va a proceder a la impresión, transmutándolas en otras de carácter cromático, es decir que no se transfiere por medio de un tipo, la Tinta, sino que se provoca una reacción química compleja en la misma superficie impresa). La presencia de heces fecales, constituyó un enigma en principio. El análisis del excremento reveló la presencia de células epiteliales sin duda provenientes de glándulas intestinales humanas.

Se hizo una lista de probables hipótesis. La más sostenida era atribuirle un carácter ritual. Tal vez los seres humanos cuando discrepaban de las ideas expuestas en un documento escrito, lo embadurnaban con heces fecales. Entre esos supuestos se adujo también lo que ahora resulta evidente para todos (Seguramente algún pastor utilizó aquel famoso periódico para fines higiénicos).

La polémica se comprenderá mejor si tienen en cuenta ustedes, que a los UUGEEYIE (NIÑOS) de UMMO se les provee después del nacimiento, de un dispositivo ubicado en el recto y cuyo conducto final o tobera sale por el ano. Las heces fecales son licuadas por un proceso de transformación en encimas, un posterior proceso de gelificación y expulsión electrostática elimina del tubo expulsor los residuos que pudieran restar. No es preciso proceder pues a la limpieza después de la deposición como hacen los terrestres. Nuestros antepasados por otra parte empleaban una sustancia esponjosa para la limpieza tras la defecación.

Pero sin duda, lo de menos era el origen de aquellos residuos que manchaban el Diario o Periódico (Como después hemos sabido se trataba) Aquellos fragmentos son ya históricos para nosotros. El Original del que faltaba una hoja y varios fragmentos, se conserva en UMMO tal como fue hallado conservado en una masa gelatinosa transparente, y a temperatura constante de YIIEAGAA (Se denomina a una técnica desconocida por ustedes por la cual una estructura biológica, es conservada a baja temperatura pero controlando los gradientes de temperatura en cada punto, puesto que unas zonas o tejidos de la misma no soportarían bajas temperaturas sin que la congelación del agua provocase la destrucción de la célula, mientras que otros puntos conviene mantenerles a otro nivel térmico)

Este ejemplar famoso para nosotros que constituyó el primer documento impreso que conseguimos obtener corresponde a un número del Diario publicado en lengua francesa «LE FIGARO» Samedi Dimanche 25-26 Mars 1950.

Los extraños caracteres dejaron perplejos a nuestros hermanos. Lo más incitante y sugestivo de aquella extraña pieza eran los dibujos y fotografías. (Nosotros por supuesto desconocíamos la ingenua técnica del Fotograbado Directo y de Línea).

Comentarios:

A ver si la publicación del 25-26 de marzo 1950 incluye estos elementos, Jean Polión hizo una solicitud para obtener una copia de los artículos pertinentes en el Figaro. Sus conclusiones son claras:

«Las citas del FIGARO del 25-26 marzo 1950 hechas en la carta del primer día en la tierra (D57), recibido por Enrique Villagrasa 20 de marzo 1967, no son plenamente coherentes con el contenido de la publicación de la revista a las 5 de la manana. Pero son, sin embargo, totalmente coherente con la edición del día del periódico.»

En la página luego identificada como la primera, aparecía precisamente una curiosa caricatura firmada por un humorista francés, J. Sennep. Era un croquis de una Bomba Nuclear de Hidrógeno en cuya ojiva aparecía la caricatura de un Político francés. El pie rezaba así:

BATAILLES PARLEMENTAIRES
S'ils nous embêtent, nous avons la bombe H

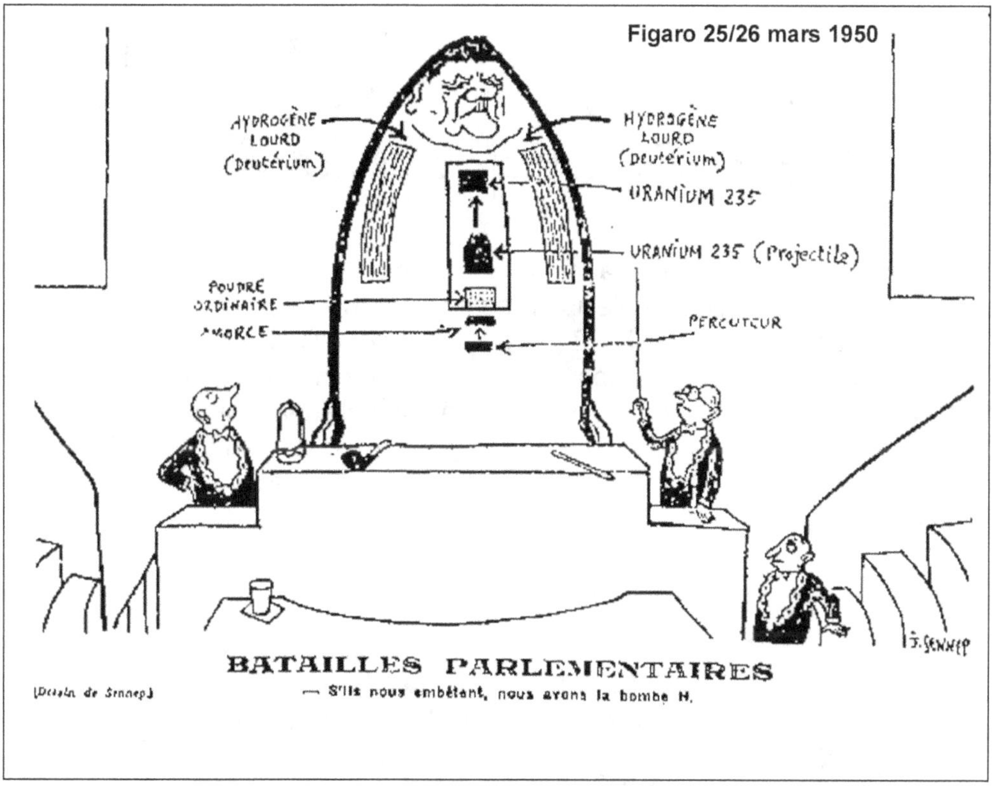

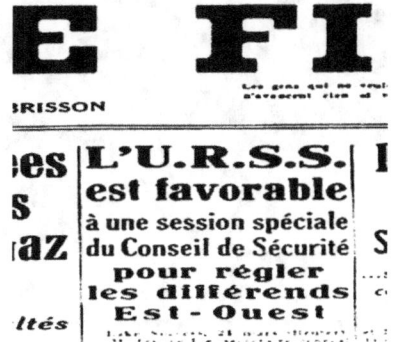

Se apreciaban grandes titulares tales como:

L'URRS EST FAVORABLE A UNE SESSION SPÉCIALE DU CONSEIL DE SÉCURITE POUR RÉGLER LES DIFFÉRENDS EST-OUEST

E FI
BRISSON

L'U.R.S.S.
est favorable
à une session spéciale
du Conseil de Sécurité
pour régler
les différends
Est - Ouest

Y otros :

SÉRIE NOIRE DANS L'AVIATION TROIS CATASTROPHES AÉRIENNES
ONT FAIT 19 MORTS
AIDE IMMEDIATE A L'INDOCHINE

En el dorso del papel, aunque manchado de excremento, se apreciaba una imagen excepcionalmente interesante para nosotros. Se veía a un ser humano adulto con dos UGEEYIE (No podíamos identificar el sexo claramente). Luego hemos sabido se trataba de una dama y niños de ambos sexos. Se apreciaba el diseño de vuestras vestimentas (No olviden que uno de nuestros quebraderos de cabeza lo constituía averiguar cómo vestían ustedes) Encima del dibujo aparecía un texto por supuesto ininteligible entonces para los exploradores que decía MONDIAL NURSERY.

Para acabar de confundirnos sobre el tipo de vestuario terrestre aparecía en otra página del diario (Pág. 6) una fotografía de otro Ser humano (Una dama) vestida a la usanza clásica correspondiente a la representación teatral de «Malborough» de Marcel Achard que acababa de representarse en el Teatro Marigni.

«Aquel descubrimiento documental, repetimos era de una importancia trascendental. Pero no conocíamos ninguna vía científica para poder interpretar los caracteres. No existía una relación directa entre imágenes y texto. Ignorábamos si aquellos símbolos representaban cifras, o expresaban ideogramas o se podían interpretar como representaciones de sonidos complejos o fonogramas sin integración.»

(Extractos del documento D 57-3 titulado «Descenso en la Tierra» y con fecha 12/02/67 mandado al Sr. Villagrasa)

Las explicaciones para el comportamiento de sus naves (UEWA)

«A veces, nuestros naves que son vistos en movimiento a velocidades muy superiores a Mach 15 parecen cambiar bruscamente de dirección (Imagen 16).»

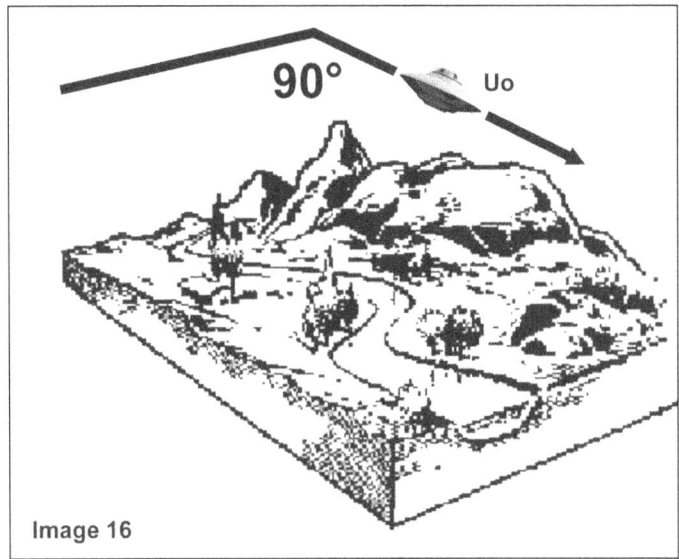

Image 16

«A menudo el cambio es ortogonal, virando bruscamente la trayectoria de un ángulo de 90 ° sin orden y sin ángulo de giro y a menudo esto puede ser aún más agudo. A veces, el nave parece incluso revertir su velocidad tangencial «detener de forma instantánea» y regresar por la misma trayectoria (Fig. 17).»

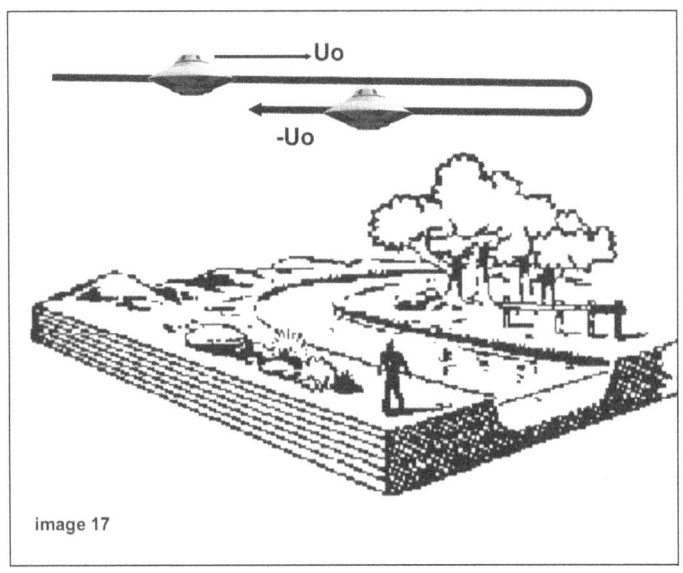

image 17

«Una misión exploratoria también puede requerir una inmovilización instantánea de la OEMM UEWA en aras de una mayor eficiencia de los análisis. En este último caso, cualquier observador, ajeno al vehículo, que podría estar observando el movimiento supersónico de lejos, se sorprende al ver la inmovilización repentina de la UEWA como si se hubieran quedado perplejos enfrente de algún obstáculo invisible. ¿Qué está sucediendo en este caso?»

«El cambio» tan espectacular « en el régimen de cine de nuestro UEWAs (modificación del gradiente de velocidad, tanto en términos de tamaño y de orientación o dirección) pueden ser causados durante la navegación por incidentes inesperados (vehículos extranjeros acercándose, las tormentas que puedan perturbar una observación interesante , la necesidad de evitar determinados campos electromagnéticos en áreas cuya propagación de intensidad podría ser perjudicial, deci o centimétrica (*) haces de radiación que se utilizan en la localización de radio cuando nuestro sistema de absorción de tales frecuencias, a cancelar los ecos tienen que ser bloqueadas para evitar el riesgo de alterar otras mediciones interesantes, etc ...)»

«Por lo general, es la AYUBAA XANMOO de la UEWA (ordenador de a bordo), lo que toma la decisión de cambiar de dirección rápidamente, después de un análisis lógico de respuestas múltiples, los parámetros recogidos por los sensibles órganos de la nave (UEWA).
Puesto que estos agentes de perturbación existen en el marco tridimensional en el que la UEWA se está moviendo, está claro que la máxima eficacia se obtiene mediante un repentino cambio real y, por supuesto, e incluso de la magnitud de la tangencial velocidad Uo.»

«La solución, como estamos explicando, no es sostenible físicamente. El efecto inmediato sería la aniquilación de la nave. Uo no es modificable, un repentino giro de 90 grados sexagesimales terrestres implica un aumento instantáneo de la aceleración centrípeta, tan repentina (no se olvide que nos estamos refiriendo a un radio de curva cercana a cero en la parte superior de la trayectoria), que la masa del vehículo se sometería a una compresión de aniquilar».

«Por otra parte, para tener éxito en la paralización de inmediato la masa de la UEWA, cuya cantidad de movimiento debido a la alta velocidad, en este instante, es extremadamente alta, sería equivalente a un choque semi-plástico que sería tan catastrófico que el calor resultante se evaporaría y se ionizarian (*) todos sus componentes (inútil mencionar el destino de los pasajeros).»

«Vamos a ver entonces cómo nuestra técnica nos permite, entonces, obtener este efecto idéntico sin causar un trastorno grave. En primer lugar, buscar en la imagen 18 el caso de que el UEWA debe cambiar su «fusión» de la trayectoria de repente, debido a la presencia de un agente de interrupción.»

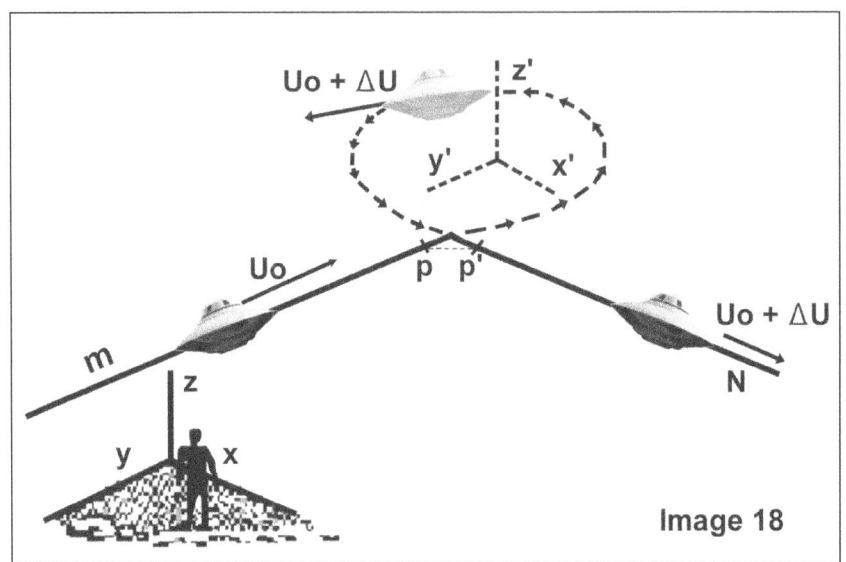

Image 18

«En el punto «p», se produce el cambio de sistema tridimensional (XYZ a X'Y'Z '), es decir OAWOLEAIDAA. Además, el vehículo sigue una trayectoria p-p ', formando un bucle, y casi a la misma velocidad (Uo experimenta un ligero aumento).»

«El retorno a la estructura tridimensional «normal» es ahora mucho más preciso si se produce en el mismo punto p (p-p '), ya que la elección de cualquier otro punto en el segundo sistema tres dimensiones, podría conducir a errores considerables de la posición.»

«La segunda parte de la ruta «p-N « puede volver a ser vista por un observador situado en el «xyz «, pero no podía ver el lazo de p-p '. Por otra parte, ¿cómo podría cometer el error de pensar que, repente, la nave cambió de dirección? Cualquier profano podría argumentar que el OEMII (observador) vio el barco desaparecer un momento después de que el punto P y «reaparecer» una vez más en el mismo punto, continuar su vuelo en la nueva dirección.»

«Pero eso no sucede para un ojo estructurado como un ser humano, ya sea de OYAAGAA (la Tierra) o UMMO. Para el intervalo de tiempo entre P y P '(a través de un lazo de x'y'z') es tan corto que un efecto psicofisiológico bien conocido por los psicólogos de la tierra como de nuestros especialistas (lo que sea persistencia de la visión imágenes ópticas), que permite a los terrícolas de contemplar la película sus hermanos y las imágenes de televisión, visualizar fenómenos con un dispositivo que se llama stromboscope y hasta fuegos artificiales cuyo fenómeno parece ser «continua «o sin intermitencia.»

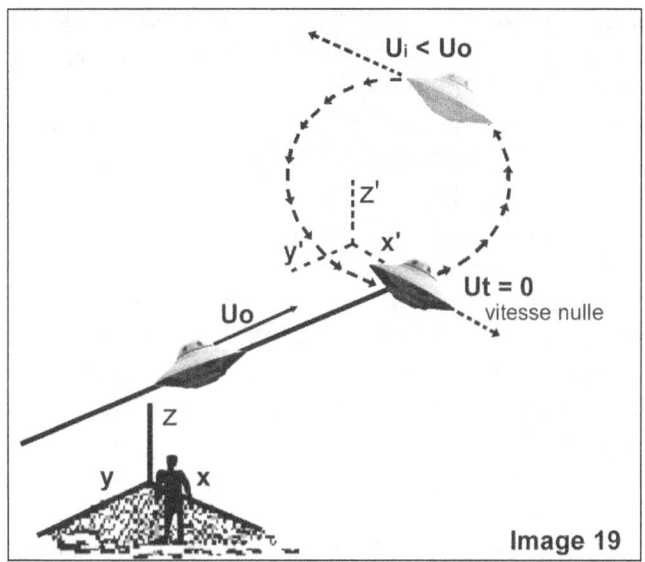

Image 19

«La imagen 19 le puede mostrar cómo un UEWA puede «parar de repente «, ya que desafía todas las leyes de la física constante para todos los puntos de nuestra WAAM (universo), es decir, sin la regresión repentina de la velocidad de aniquilar a los OAWOOLEA UEWA OEMM (la pendiente del gradiente de velocidad es entonces igual a 90 grados sexagesimales terrestres cuando el vector de la desaceleración alcanza una magnitud infinita).»

Desaparición de las naves espaciales en medio del cielo

«Nuestra UEWA OEMM (nave) se mueve dentro de la atmósfera a una velocidad alta (aunque los valores más altos, en este caso, no podían ser comparados con los regímenes posibles de cinemática en un espacio que carecen de líquido viscoso).»

«Los tirones que algunos de sus hermanos terrestres pensaron que habían percibido en la velocidad de las naves espaciales similares, llamados por los reporteros terrestres: Platillos volantes, los ovnis, etc.... requieren un análisis más objetivo»

«En primer lugar, deseo informarle que un alto porcentaje de estos informes se refieren (además de la multiplicidad de casos fraudulentos, los errores ópticos, alucinaciones, errores de percepción, la atribución de un carácter interplanetario a las meras estructuras terrestres, etc.) a los buques misteriosos ajenos a nuestra civilización desde UMMO. Pero, siempre y cuando dichos buques se estructuran con base tecnológica similar a la nuestra, ya que su morfología externa parece sugerir - y lo hemos comprobado en algunos casos - se pueden ampliar las aseveraciones que estoy a punto, de decir, para que a usted, no sólo en cuanto a nuestra UEWA se refiere, sino también a las estructuras de origen, sin duda, de otros cuerpos fríos, fundamentos de redes sociales altamente evolucionados. Un observador, situado a una distancia no muy excesiva, puede observar la aparente « aniquilación « de una nave espacial de este tipo. Esta pseudo desaparición está vinculada a un proceso de inversión en un marco diferente de referencia tridimensional. Un volumen espacial específico cambia sus ejes dimensionales, y toda la masa integrada en estos confines deja de tener una entidad física. Esto no significa que esa masa sea «aniquilada», ya que el sustrato de esta masa se compone de dimensiones de nudos interconectados . En otras palabras, la masa se interpreta como un plegamiento de la cadena de este último. Nuestro plano físico interpreta este fenómeno como si la orientación de esta depresión, o el plegamiento de los elementos que componen el espacio, cambió de dirección, de tal manera que el observador, los órganos de los sentidos o instrumentos físicos no son capaces de percibir un cambio más».

«En un instante, «t0», el vacío en estos confines es absoluto. No hay una sola molécula de gas - y, por supuesto, no una partícula sólida o líquida, ni siquiera una partícula subatómica, no de protones, neutrinos, fotones, etc... - que pueden ser localizados probablemente dentro de estos límites. Expresada en sus propias palabras: la función de probabilidad es nula en el «t0». Sin embargo, es una situación tan inestable, que sólo dura una fracción infinitesimal de tiempo. El perímetro se encuentra para ser «invadido» por IBOAYAA consecutivamente (la cantidad de energía). Que en su medio electromagnético y los campos gravitacionales en varias frecuencias se propagan. Radiaciones iónicas pasan por ella de inmediato y, finalmente, hay una implosión cuando el gas exterior se hunde en el vacío dejado por la estructura «desaparecida». Esta implosión explica estas «detonaciones» o «truenos», los sonidos que algunos observadores de ovnis terrestres pensaron que habían percibido en algunos casos, después de la aparente desaparición del vehículo.»

«Esta desaparición de la OEMM UEWA, desde el punto de vista de un observador es posible que no siempre deba ser interpretado como un efecto de este proceso de inversión en un marco diferente tridimensional de referencia. Cuando esto sucede por la noche, las naves espaciales (por lo menos en la nuestra) son perfectamente visibles a través de su luminiscencia. La luz emitida por nuestra UEWA está dentro de la banda del espectro óptico que, por la retina del OEMII, corresponde a la gama cromática entre amarillo y naranja (a veces otras naves emiten otro ancho de banda cromática ya que poseen un XOODINAA de otra composición química, como hemos podido comprobar durante los viajes en otras partes de la galaxia).»

«Por lo tanto, de acuerdo a este fenómeno secundario, una luminiscencia puede ser cancelada por el UEWA mismo, de modo que nuestro vehículo parece «desaparecer», «apagar» o «desvanercerse».»

Extractos del documento D69-5 / T2-44/92

La lógica de la censura de los archivos OVNI

La política de ultra-secreto establecido por Eisenhower en el momento del accidente de Roswell, y también por las autoridades francesas en torno al tema Ummo, probablemente se originó en un sentido más loable de la responsabilidad y la necesidad de proteger a los ciudadanos del posible pánico después de la guerra en un contexto muy tenso.

Este noble sentimiento podría haber dado lugar a una política de información progresiva y pedagógica, ya que después de todo, el carácter pacífico o neutro de los extranjeros era un argumento muy simple y tranquilizador, fácil de verificar. Pero el camino hacia el infierno no está sólo empedrado de buenas intenciones...

Muy pronto se plantearía la cuestión de la credibilidad de un Estado incapaz de garantizar su propia integridad territorial... Además, ¿cómo podría el actual orden económico y político justiciarse, cuando extraterrestres observadores lo califican como «un orden social estructurado de una manera delirante»?

Ni comunistas ni capitalistas, los visitantes son la simple observación de lo que nosotros hemos estado observando desde hace siglos: en todo el planeta, en cada estado, bajo todos los regímenes, ya sea el poder democrático, y la riqueza siempre terminan siendo concentrada en las manos de un pequeño grupo de depredadores, en detrimento del interés general y de la comunidad planetaria.

¡Por último, estas exocivilizaciones no intervencionistas, inalcanzables, contra las cuales ninguna acción militar grave puede ser considerada, los visitantes están quietos, de hecho, no son sino todo un problema para las oligarquías en su lugar!

La credibilidad de nuestros visitantes no tiene nada que ver con el discurso ideológico.

¿Quién podría cuestionar su neutralidad o la validez de sus críticas?

Conclusión

Esta visión no exhaustiva, de los visitantes del espacio exterior no es sino una pequeña parte de la punta visible del iceberg. Algunos de los servicios gubernamentales como la CIA están difundiendo la idea de que las exocivilizaciones son peligrosas para la humanidad. Pero los hechos demuestran que no han sido objeto de una invasión hostil. Es probable que sea un trabajo para una
«Paz Galáctica». Una «Paz» mucho más eficaz que lo que nosotros mismos
somos capaces de hacer en la actualidad en nuestro propio planeta...

¿Es necesario para nosotros que se nos recuerde que el país democrático más poderoso del mundo ha puesto a su cabeza un personaje sobre el que los hechos han demostrado que era un cínico y un mentiroso, que el segundo estado más poderoso del mundo ha puesto a su cabeza un personaje que tolera una economía mafiosa sin igual: la tercera potencia mundial importante es una dictadura que llegó a un acuerdo con todas las democracias, y que los estados sometidos a la autoridad de los fanáticos religiosos son demasiado numerosos?

Si queremos tener éxito en la consecución de la paz mundial sostenible, sólo podemos basarnos en los valores de libertad y justicia social. ¿Por lo tanto, no deberíamos estar pensando en cuanto a qué tipo de acción debemos emprender con el in de romper con este patrón de desvío de poder, las riquezas practicadas por la mentira, cínica y oligarcas codiciosos?

Sin el levantamiento del secreto, sin la liberación de la información, sin una visión clara de la función real de nuestras instituciones, tanto civiles como militares, sin poner in al saqueo a que los intereses global del planeta han sido sometidos, estamos claramente en dirección a nuestra propia muerte. De acuerdo a nuestros visitantes, nuestros representantes institucionales no son dignos de representar a los habitantes del planeta Tierra. Una civilización es digna de llevar ese nombre, cuando cada uno o cualquier forma de vida es respetada en todo el planeta. La madurez de la civilización se puede medir de acuerdo a su capacidad para hacer que el interés global del planeta sea su prioridad. Sólo en esta etapa de la evolución social se hace posible participar en una relación duradera, honesta y de larga duración con las exocivilizaciones.

No hace falta decir que todavía estamos lejos, muy lejos de ese escenario... A pesar de todo, tal como anticipamos en un futuro propicio para un desarrollo social de nuestro planeta, parece importante para nosotros establecer simbólicamente las bases de un manifiesto a favor del reconocimiento de exocivilizaciones.

MANIFIESTO POR EL RECONOCIMIENTO DE LAS EXOCIVILIZACIONES

Este manifiesto describe algunos de los principios básicos necesarios para establecer una relación duradera y justa de larga duración con cualquier exocivilización respetando la «Paz Galáctica»:

Derechos de las Exocivilizaciones

1. El reconocimiento oficial de las exocivilizaciones
2. Aplicación de los Derechos Humanos a todas las exocivilizaciones
3. Aplicación de la Convención de Ginebra a todas las exocivilizaciones
4. Restitución de los cuerpos de los exploradores muertos (en referencia a la Ley de 1994 sobre la Bioética - Francia)

Deberes de las Exocivilizaciones

1. El respeto a las convenciones de las Naciones Unidas y las resoluciones
2. Respeto de los derechos de los Estados
3. Respeto de los derechos y la integridad de las personas y de los bienes

3-HACIA UNA NUEVA COSMOLOGIA

Introducción

Viajar a distancias interestelares de varios años luz implica necesariamente una reevaluación completa de nuestra concepción del universo.
Ésta es la única manera en la que podemos hacer que lo que parecía
imposible sea posible. El siguiente paso será la aplicación de una tecnología
para enviar astronautas, físicamente, a sistemas solares a 4, 10, 20 ó 50
años-luz de la Tierra. Esto puede requerir uno o dos siglos de investigaciones
especíicas y el desarrollo tecnológico.

Pero, a partir de hoy, gracias a las fuentes de Ummo y otros, podemos
empezar a imaginar una concepción del cosmos que hace que estas posibilidades sean accesibles.

De acuerdo con nuestra concepción terrenal, el universo se está expandiendo actualmente, después de un Big Bang que podría haber tenido
lugar hace cerca de 13 millones de años. En 70 millones de años, nuestro
universo debe detener la expansión y se comienza a colapsar sobre sí mismo,
en un Big Crunch - lo contrario de un Big Bang. Sin embargo, los astrónomos
no pueden explicar por qué la expansión del universo tiene variaciones.
Grandes masas gravitacionales parecen estar frenando las galaxias más distantes.

Pero, ¿qué son estos campos gravitatorios y dónde se encuentran? De
hecho, toda la materia contenida en el universo conocido, sólo representa una
décima parte de la masa necesaria para contener la expansión del universo.

Ya en la década de 1970, Wheeler, un físico y matemático, coinventor
de la bomba H, consideró que si la masa que falta no está dentro del universo,
es porque algo existe, una masa no tenida en cuenta por las leyes de nuestra
física actual, un Hyper-espacio.

Esta conclusión se abre sobre una concepción revolucionaria de nuestro cosmos. Los conceptos del bi-cosmos (*), multi-universo, de los diversos marcos de referencia tridimensional, de anti-cosmos, de la anti-materia,
se han convertido en los bloques de construcción de una nueva cosmología...

Advertencia: En este capítulo se hace un llamamiento a conceptos muy avanzados de la física. Es un acercamiento, un intento de detener a una cosmología
que está muy lejos de nuestros conceptos habituales. Hicimos todo lo posible
para popularizar de la mejor manera posible esta cosmología, en un intento
de hacerla comprensible por todos. Sin embargo, si este capítulo, a pesar de
estos esfuerzos, le parece muy difícil, puede dirigirse directamente al
resumen del capítulo.

El universo multi-cosmos

Desde el advenimiento de la primera era de la física cuántica, en la década de 1920, los cosmólogos pensaban en los modelos del universo com- puesto por múltiples cosmos. En la década de 1970, los físicos I.D. Novikov y Andrei Sakharov explicaron las bases de un modelo de universo compuesto por una ininidad de pares de cosmos / anti-cosmos.

El universo se compone de varios pares de cosmos «capas». El modelo describe « una conexión de dos espacios con las hojas del colapso. Una secuencia ininita de capas conectadas de dos en dos, esto es la estructura general del universo. «. Sin embargo, para Sakharov, los pares de capas son consecutivas en el tiempo, mientras que para los Ummitas la «capa» es probablemente 'simultánea'.

Los primeros modelos de los llamados cosmología «branarian» (varios cosmos-burbuja modelos) se remontan a la obra de Lisa Randall y Raman Sundrum en 1999, inspirada en la obra de Arkhani-Hamed, Dimopoulos y Dvali en 1998.

Tengamos en cuenta que la cosmología Ummo utiliza los conceptos de dimensiones angulares. Este tipo de cosmología es bastante revolucionaria y en la actualidad ningún modelo cosmológico de la Tierra ha desarrollado este tipo de concepto todavía.

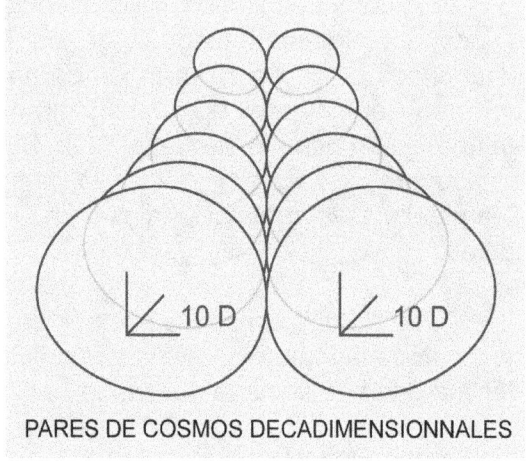

PARES DE COSMOS DECADIMENSIONNALES

Ummo cosmogonía y cosmología

El universo está compuesto de varias «capas» del cosmos. Cada par de cosmos tiene orientaciones temporales independientes. No tienen acceso la una a la otra, en el de Einstein-Minkowski tridimensional del espacio-tiempo marco.

Los pares cosmos son similares a los pares burbuja de jabón en una bañera gigante. Estos cosmos se montan por pares. Uno de ellos es principal- mente hecho de materia +M, la segunda se compone principalmente de anti- materia -M.

El sustrato universal

El universo, compuesto de esta infinitud del cosmos, está constituido por un sustrato de elementos multidimensional muy similares a las cuerdas infinitesimales que se presentan en la Teoría de Cuerdas. Estos son «eje de interconexión decadimensional « llamado «ibosdsoo», cada eje se nombra OAWOO en terminología de Ummo. En vez de tener cuerdas que vibran de acuerdo con diferentes frecuencias que manifiestan el espacio, materia, energía y fuer- zas, estos «nudos multidimensional» son como «rótulas vir- tuales» (matemáticas puntos decadimensional teniendo en cuenta la topología cosmos/anti-cosmos) capaz de someterse a la rotación angular en los distintos ejes. En lugar de cadenas que se supone que tienen una existencia física, estos «ibosdsoo» no son sino el resultado de la interconexión de las 10 dimensiones matemáticas. El «ibosdsoo» no existe por sí mismo, y cada uno de sus ejes tiene una orientación que le es propia. Sólo existe en relación a otro «ibodsoo». Dos «ibodsoos» son asociados a través del juego muy bajo de la diferencia angular. Luego son las bases que permiten la manifestación de cualquier tipo de materia, energía, espacio, tiempo, gravedad, electromagné- tica o de las fuerzas nucleares.

Se forman de acuerdo a la terminología de Ummo un par de «ibod- soos» llamado «ibodsoo-u». El «ibosdsoo-u» constituye el sustrato univer- sal de toda la materia, energía, espacio y tiempo en el modelo cosmológico Ummita. Los IBOSDSDOO-U se asocian y forman cadenas ordenadas de sus ejes diferentes. Ellos constituyen, en cierto modo, la red de apoyo teórico de cualquier manifestación de fuerza, tiempo o espacio en el cosmos/ anti-cosmos. En cierto modo estos nudos preceden a lo que llamamos «dimensiones» y que se integran en una teoría de la doble cosmología, esen- cial para entender los viajes interestelares. En función de su rotación angular, se pueden manifestar varios aspectos, distinta naturaleza y modificar el estado de la materia.

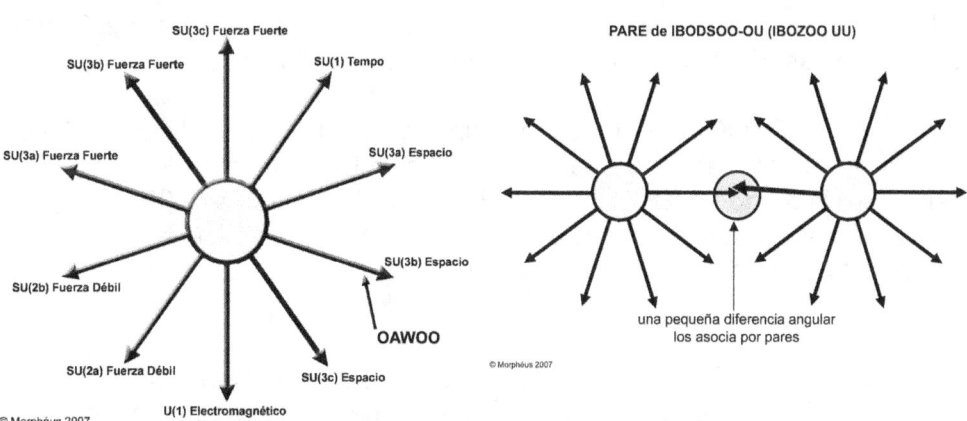

IBODSOO compone de 10 OAWOO

SU(3c) Fuerza Fuerte
SU(3b) Fuerza Fuerte
SU(1) Tempo
SU(3a) Fuerza Fuerte
SU(3a) Espacio
SU(3b) Espacio
SU(2b) Fuerza Débil
SU(2a) Fuerza Débil
SU(3c) Espacio
U(1) Electromagnético
OAWOO
© Morphéus 2007

PARE de IBODSOO-OU (IBOZOO UU)
una pequeña diferencia angular los asocia por pares
© Morphéus 2007

El ejemplo de las libélulas:

El universo «es como un enjambre de libélulas», cuyas alas están en varios ángulos.

Todas estas libélulas revoloteando de tal manera que «ninguno de ellos» muestra una orientación de sus alas similar a la de cualquier otra de sus hermanas. En otras palabras, no habrá un solo par de libélulas que, en un instante dado, se superpongan a otras de tal manera que sus alas y abdómenes coincidan.

Pero, como ya hemos dicho, esta imagen es muy simple y exagerada en su analogía. En primer lugar cada libélula ocupa un lugar en el espacio durante cada instante 't'. Lo que implica que su centro de gravedad y su inercia ocupan áreas definidas (de acuerdo con nuestra concepción ilusoria).

Una IBOZOO UU no ocupa ninguna posición definitiva, no podemos decir que existe una probabilidad de encontrar lo localizado en un punto dado. Sin embargo, el IBOSDSOO UU IEN AIOOYAA (existe). (IEN: par, dos) Además de eso, este insecto volador tiene una masa y un volumen (al menos para nuestra mente). La IBOZOO UU no es una partícula que posee una masa ni cuerpo.

En una primera aproximación conceptual podríamos describir como un grupo (o fascículos) de ejes de orientación. Lo más importante para este grupo es precisamente el ángulo formado por estos ejes, en lugar de los mismos ejes que son similares a una ficción matemática.

Las libélulas de nuestro enjambre infinito viven en movimiento en el tiempo en intervalos cortos de tiempo en distancias infinitesimales. El UU IBOZOO no existe en el tiempo, que es el tiempo mismo. Más específicamente, uno de sus ángulos es el momento de la magnitud como se explicará en otro informe con más precisiones.

Para ser más precisos: lo que podríamos llamar INTERVALO DE TIEMPO infinitesimal no es sino el resultado de una diferencia de orientación angular entre dos IBOZOOs vinculados o IBOZOO UU.

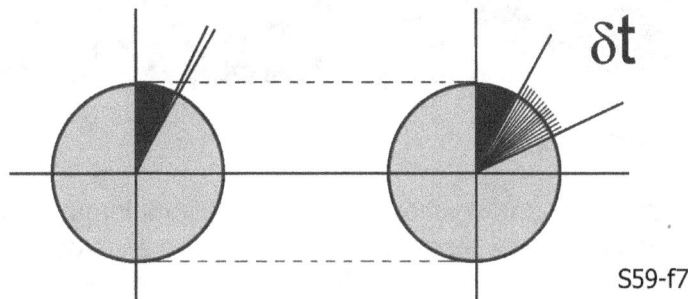

S59-f7

Si después de esta explicación aproximada de nuestra teoría del espacio, por ejemplo, pensar que el espacio es una «masa densa de partículas similares a los átomos», es erróneo. La razón es que, las partículas de un gas, como usted sabe, toman posiciones probabilísticas dentro de un recinto, mientras que este no es el caso del IBOZOO UU.

También no se puede equiparar un espacio para el concepto anticuado de éter desterrado por la teoría de la relatividad, ya que la red IBOZOO UU no es de ninguna manera un ambiente elástico en el que los átomos podrían estar inmersos.

También nos puede preguntar: ¿en relación a qué eje de referencia universal son los ángulos de la UU IBOZOO orientados?

La respuesta es, por supuesto, con ninguno. No hay un solo eje de referencia en el WAAM (bi-cosmos (*)) ya que ello implicaría imaginar una línea recta real en el Cosmos. Sin embargo, una línea recta, como hemos indicado es una mera ficción.

Cuando ahora nos referimos al ángulo tomado por uno de los ejes imaginarios de un IBOZOO UU, nos estamos refiriendo a cualquier otro UU IBOZOO elegido convencionalmente como un modelo de referencia. *(Extractos del documento D59)*

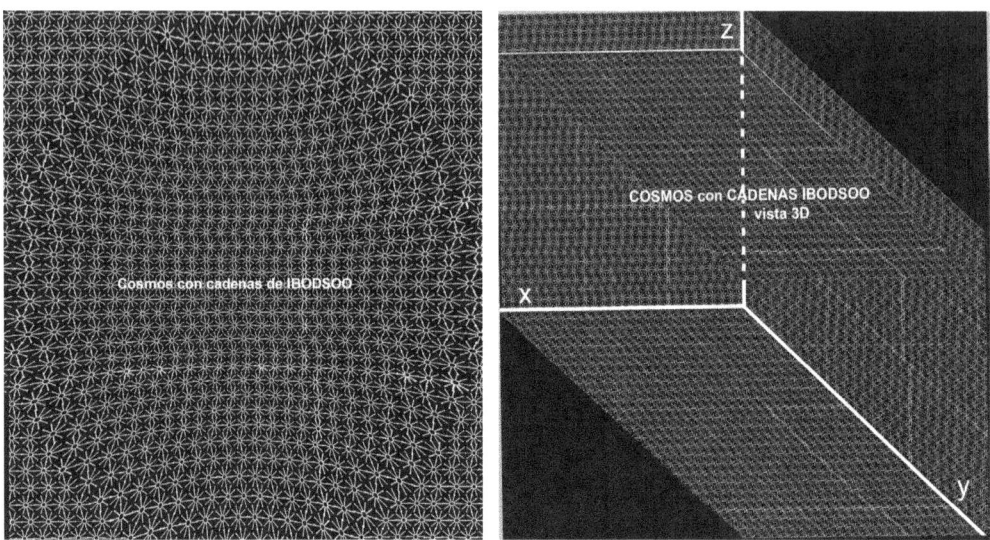

Cosmos con cadenas de IBODSOO

COSMOS con CADENAS IBODSOO
vista 3D

Dimensiones universales

Cosmos / anti-cosmos se puede definir matemáticamente por un mínimo de 10 «dimensiones» angulares o OAWOO de acuerdo con la terminología de Ummo. Este mínimo teórico de «10DS», están presentes en todos y cada par de cosmos. El significado y la naturaleza de estas 10 «dimensiones» angula- res no es fácil de entender.

Son bastante ajenas a nuestra manera de concebir el tiempo y el espacio. Hay un texto de Ummo que dice así:

«Nuestro cosmos es lo que ustedes llaman un continuo espacio-tiempo (que requiere 10 dimensiones para definir matemáticamente). Podríamos especular por infinidad de dimensiones asignadas a la misma, sino que esto no es algo que estamos en condiciones de demostrar.»

«De estas diez dimensiones, tres son perceptibles por nuestros órganos sensoriales y un cuarto - el tiempo - es percibido psicológicamente como un flujo continuo en una dirección a lo largo de lo que llamamos UIWIUTAA (flecha o la dirección orientada de tiempo).»

«Se puede imaginar que nuestra primitiva bi-cosmos (*) era algo así como una esfera pequeña vacía. Un pequeño universo, sin galaxias, sin gases intergalácticos, sólo el espacio existente en el tiempo (figura 1).»

«Cada «nueva curvatura» implica una dimensión y, por último, el espacio pliegue. Observe que estamos utilizando una comparación, un símbolo, ya que esto puede ser expresado adecuadamente sólo en términos matemáticos. Por ejemplo, la expresión «espacio plisado» puede parecer infantil, pero es muy didáctico.»

«... Al llegar a este instante, todo el universo se reduce a una red de IBOZOO UU, todos los componentes de los cuales están orientados en un ángulo nulo (cero radio) que, si pudiéramos percibirlo, parecería un punto de densidad de masa infinita (esto ha sido bien entendido por sus hermanos cosmólogos de la Tierra y es absolutamente cierto). Lo que no es cierto, sin embargo, es que este «cosmion» o primordial universo es inestable y podría explotar en consecuencia. Si los universos adyacentes no existen y si no hay más que dos tipos de masas (y no cuatro), que sería interrumpir esta híper-masa (*) por su equilibrado, ésta sería la etapa final del cosmos que se describe aquí. Se produce entonces una expansión acelerada a través del aporte de energía inicial de este trastorno (que es inversamente proporcional al radio).»

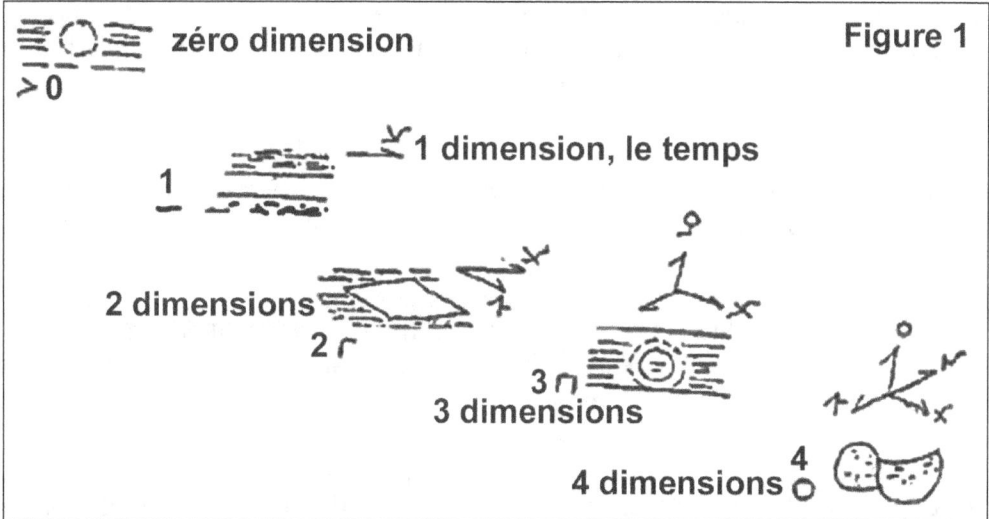

zéro dimension — Figure 1

1 — 1 dimension, le temps

2 dimensions — 2 r

3 n — 3 dimensions

4 dimensions — 4 o

Para cada bi-cosmos(*), los ciclos compuestos de un Big Crunch seguido de un Big Bang suceden. En el punto de equilibrio entre el Big Crunch y el Big Bang, cada bi-cosmos (*) se reduce a una cadena de «nudos multidimensional» entre los cuales las 10 dimensiones axiales están «alineadas», sin la más mínima diferencia angular que haría que la manifestación de «algo» en su seno fuera posible. Cada dimensión axial es uniforme a lo infinito. El tiempo se reduce a una sola unidad infinitesimal, en otras palabras, todavía no existen en realidad. Del mismo modo, las dimensiones del espacio se reducen a algo así como una especie de punto y las dimensiones de masa, por lo tanto todos se concentran en la misma forma que en un cuasi-infinito. La inanidad de IBOZOO que constituye el sustrato de la bi-cosmos (*) es igual a sí misma, se manifiesta por una especie de punto.

El nacimiento del Tiempo

El componente axial que se manifiesta primero, da la orientación angular de las otras «dimensiones» o OAWOO. Así, en cada bi-cosmos (*), el tiempo nace. La unidad de tiempo tiene el mismo valor en cada par de bi-cosmos. La cantidad mínima de tiempo corresponde a la menor variación angular o IOAWOO de este eje, existe como un valor discreto, por lo que el tiempo es discontinuo y imito.

Lo que definimos en el tiempo de Planck (5.391 x 10-44 segundos) podría corresponder a un ángulo de primaria en el eje de tiempo, entre dos «nudos multidimensional» - IBOZOO. Que corresponde a una dimensión angular «1D».

El nacimiento de espacio o de la «espacialidad»

En cuanto a las dimensiones espaciales, también podemos establecer una analogía con nuestro enfoque vectorial usual. La longitud de Planck cor- responde con el diámetro mínimo de una cadena en la teoría de cuerdas, es decir: lp = 1,61624 x 10-35 metros.

La noción de la distancia mínima en la Teoría de Cuerdas y la de los Ummitas que se presentan, son sensiblemente equivalentes. Pero desde que uno de ellos utiliza el «cordón-objeto» y el otro un concepto de ángulo, el valor mínimo obtenido es diferente.

Para los Ummitas, no es posible distinguir una «cantidad razonable» inferior a 12-13 cm de diámetro (relación angular entre los dos IBOZOO UU (aproximadamente 10-12 metros).

De acuerdo con la teoría IBOZOO, el equivalente a la longitud de Planck corresponde a «un ángulo elemental» en los ejes de la «espacialidad», entre los dos «nudos multidimensionales». El posible valor de la distancia angular mínima, de acuerdo con los Ummitas, es alrededor de 10-12 metros. Estas dimensiones son espaciales, angular-tridimensional o «3D».

Grupos gauge y la simetría

Las analogías fáciles entre nuestras habituales dimensiones vectoriales y las dimensiones angulares se acaban aquí. Para seguir con las analogías de las dimensiones angulares o OAWOO tenemos que hacer referencia a los grupos de calibre y la simetría.

La Cromo Dinámica Cuántica (QCD), es una teoría de la física que describe la interacción fuerte, una de las fuerzas básicas. Fue introducida en 1973 por H. David Politzer, Frank Wilczek y David Gross (que recibió el Premio Nobel de Física en 2004 por este trabajo). Según esta teoría, los quarks están confinados a las partículas que componen y que poseen una propiedad llamada «color» azul, verde o rojo... Otro principio básico de esta teoría es que una partícula compuesta de quarks siempre debe tener un blanco que resulta « color».
«Así es como se define una simetría gauge. Es invariable que es el resultado de los resultados de variables, aquí las propiedades de los quarks azul, verde o rojo.

Los grupos de calibre nos dan una idea acerca de lo que los Ummitas llaman «dimensiones angulares» en su cosmología. Imaginemos que una «dimensión angular» es un haz de luz. La luz es aquí el equivalente de simetría gauge o de una «dimensión angular». Desde el punto de vista de Ummo, simetría gauge caracteriza a los fenómenos de uno o varios campos o de las fuerzas, con independencia de su entorno y de otros fenómenos. Por ejemplo, el tiempo es independiente de las dimensiones del espacio y el volumen. De la misma forma, las dimensiones de espacio y el volumen no tienen ningún impacto sobre la naturaleza del campo electromagnético.

Estas son las definiciones de Wikipedia - GNU Free Documentation License y de acuerdo con las comunicaciones de Norman Molhant.

Definición general:

La simetría de gauge es un principio que se aplica a la mecánica cuántica de las tres fuerzas básicas redundantes no gravitacionales (electromagnéticas, fuertes y débiles). Corresponde a la invariancia de un sistema físico bajo la acción local de un grupo de simetría llamado grupo indicador. Esto significa que es posible llevar a cabo una transformación dada por un elemento del grupo de simetría de forma independiente en cada punto del espacio-tiempo sin afectar el resultado de las observaciones. Parece que las dimensiones de estos grupos de gauge son equivalentes a los ejes de dimensión angular o OAWOO.

Simetría de gauge electromagnético

La simetría de norma se aplica a la teoría de la electrodinámica cuántica. Esta es la simetría que rige las interacciones entre los electrones, a través de los fotones. La fuerza electromagnética se aplica sobre las partículas de la materia de que están cargados eléctricamente. Las cargas eléctricas interactúan intercambiando fotones. Se basa en el Protocolo de Entendimiento (1) del grupo, en otras palabras, se expresa después de una dimensión 1D y, por analogía, con una cota angular o OAWOO.

Simetría de gauge de la fuerza nuclear débil

La simetría de norma se aplica a la interacción débil. Ésta es la regla de simetría en la interacción entre los electrones y los neutrinos, por ejemplo, a través de los bosones W y Z. Esto hace que la formación de núcleos atómicos sea posible y se basa en el SU (2) del grupo, en otras palabras, se manifiesta lo siguiente en 2D y, por analogía, con 2 dimensiones angulares o OAWOO.

Simetría de gauge de la fuerza nuclear fuerte

El indicador de simetría se basa en la interacción fuerte. Esta es la regla de simetría en las interacciones entre los quarks a través de los gluones. Esto hace que la formación de los protones y los neutrones sea posible y se basa en él SU (3) del grupo. En otras palabras, se manifiesta lo siguiente analogía en 3D y con tres dimensiones angulares o OAWOO.

«Cualquier partícula (electrones, bosones o gravitones) es precisamente un IBODSOO UU orientado de manera particular con respecto a los demás. (D59)»

«Recuerde que los vectores que representan los campos gravitatorios, electrostáticos y magnéticos forman un triedro (*) en el espacio multidimensional. Los tres campos son en realidad idénticos. Es nuestra percepción ilusoria fisiológica que les atribuye naturalezas diferentes en función de su orientación (D57-3).»

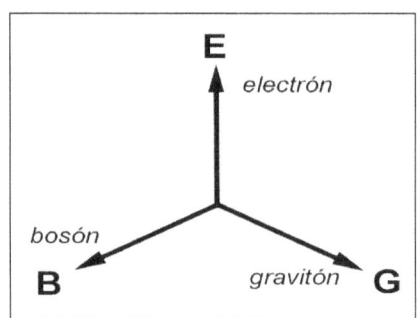

Las masas

La totalidad de estas fuerzas electromagnéticas, nuclear débil y fuerte, los grupos nucleares medidores de la fuerza normalmente marcados como SU (1), SU (2) y SU (3) pueden ser, desde el punto de vista de los Ummitas, son fáciles de asimilar a 6 ejes de «dimensión angulares», los otros cuatro son el espacio en 3D y tiempo en este modelo decadimensional. Estos seis ejes producen 4 tipos de masas:

- 2 tipos clásicos de masas + M y -M
- 2 tipos de masas imaginarias + √-M y - √-M.

«Si los universos adyacentes no existieran y si no hubiera más que dos tipos de masas (y no cuatro) que estuvieran interrumpiendo a la hipermasa para su equilibrio, sería la etapa final de un cosmos. (D41-15)» «Si curvamos nuestras tres dimensiones del espacio, si nos agachamos, o si hacemos una especie de hueco (ver Figura 2) a través de una cuarta dimensión, esta curvatura es lo que nuestros órganos sensoriales interpretan como una masa (una piedra, un planeta, una galaxia…).» Estos OAWOO 6 producen cuatro tipos de masas los cuales se pueden manifestar o se perciben en las 4 dimensiones espacio-temporales del espacio-tiempo de Einstein-Minkowski.

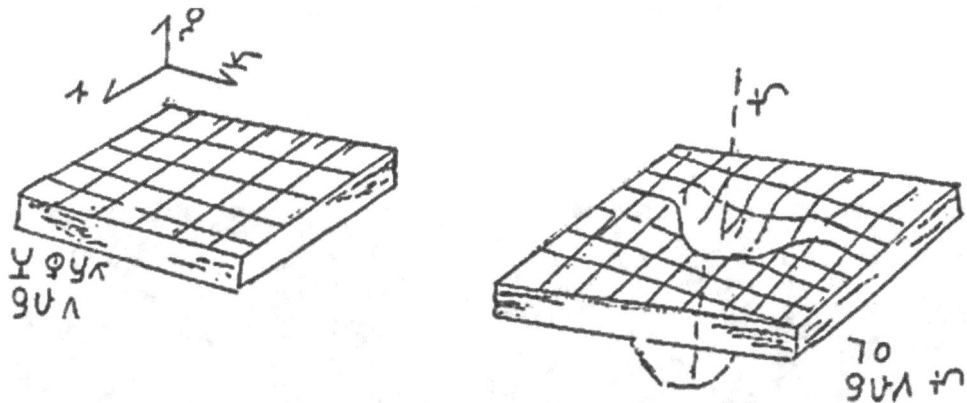

La masa clásica + M se manifiesta como «una especie de hueco a través de una dimensión cuarto vectorial « y la masa clásica + M que se manifiesta como un «golpe» en esta dimensión del mismo vectorial. Las masas clásicas distorsionan las dimensiones espaciales y generan fuerzas gravitacionales o anti- gravitacionales (*). Esto es lo que afirman los Humitas (D41-15): «El cuerpo humano considerado en sus diez dimensiones (tres de definición de su volumen, seis que expresan su «masa», y una que nuestros órganos perceptores evalúan como el «tiempo»). » La masa M + es el resultado de seis dimensiones angulares. Estas 6 OAWOO permitirán, entre otras cosas, la aparición de la masa clásica + M que produce el peso en la acción de la gravedad en la 4D que percibimos, en otras palabras, en el espacio físico real.

Las masas imaginarias y la materia «negra»

En cuanto a las masas imaginarias se refiere, no parecen tener las dimensiones espaciales. No son por lo tanto, distorsionadas por las dimensiones espaciales y no son perceptibles a través de nuestros sentidos. Las fuerzas gravitacionales producidas por las masas + M y - M del anti-cosmos, son transmitidas a las masas imaginarias. Y las masas imaginarias transmiten las fuerzas gravitacionales en nuestro cosmos. Esto es lo que se define en nuestro cosmos como la «materia negra». La «materia negra» sería el efecto gravitacional de las masas del anti-cosmos sobre el cosmos, transmitida a través de las masas imaginarias de la capa XOODII.

Los dos tipos de masas imaginarias

Las masas + $\sqrt{-M}$ y - $\sqrt{-M}$ constituyen el XOODII (cosmos y anti-cosmos capa de relé). «... Las singularidades de una de ellas (concentrado ± $\sqrt{-M}$ masas incluyen en los universos adyacentes (sin ± $\sqrt{-M}$ masas).»

«Los disturbios entre cosmos se producen porque en uno de ellos hay un tipo de masa que podría calificarse matemáticamente como imaginaria (en otro contexto de la viga tridimensional). La velocidad de esta masa imaginaria es «en reposo» (el máximo de energía) es la velocidad de un clúster de energía electromagnética (fotones) ± $\sqrt{-M}$. La existencia de esta masa permite la interacción o acción recíproca, entre los universos, aunque la masa imaginaria involucrada se encuentra a sólo uno de los miembros de la pareja. (D731)».

Esta representación 3D de la «cuestión negra» de acuerdo con la medición de

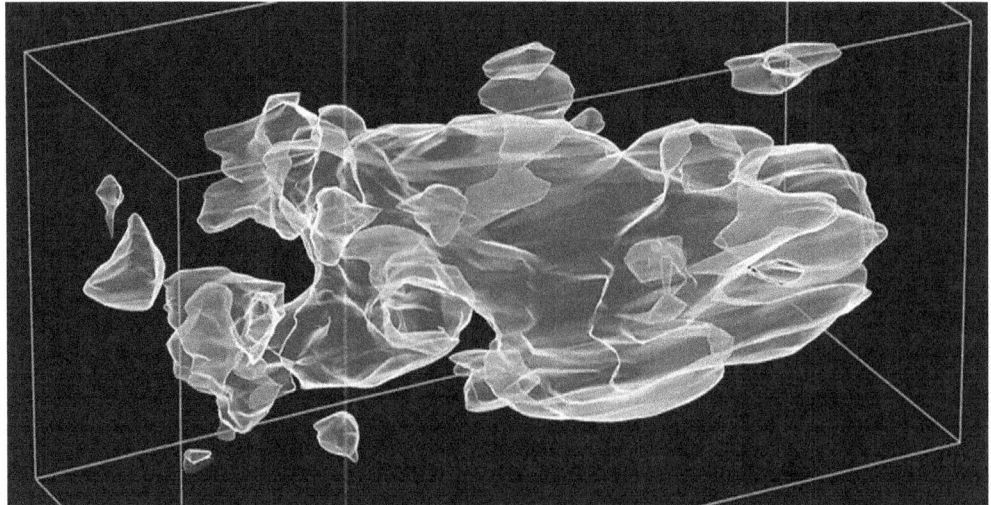

sus efectos gravitatorios, sería en in, la representación de la masas   +M y - M del anti-cosmos UWAAM, el efecto gravitatorio en el cual está basada por el «relevo», la capa XOODII. (Representación en 3D por Richard Massey).

Conclusión

En resumen, el modelo «decadimensional» Ummita implica:

- 4 dimensiones espacio-temporales angulares equivalentes a la de Einstein-Minkowski espacio-tiempo. Estas dimensiones angulares se pueden asociar a grupos de tiempo 1D y 3D calibre dimensiones espaciales de tipo SU (1), SU (3).
- 6 dimensiones OAWOO angulares que generan 4 tipos de masas:

     - 2 tipos de masa clásica + M y - M
     - 2 tipos de masa imaginaria + √-M y - √-M.

Las dimensiones se pueden asociar para medir los grupos U (1), SU (2), SU (3). Algunos de estas 10 «dimensiones» son perceptibles por los sentidos o los instrumentos, otras no lo son.

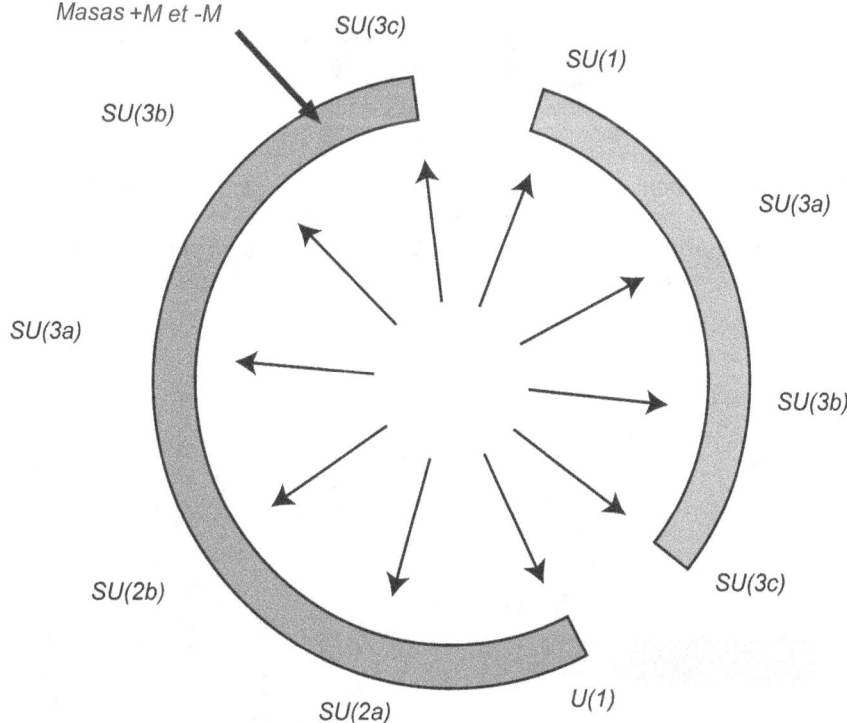

Cosmos común: *la representación vectorial de las 10 dimensiones de los ejes angulares asociadas a los grupos de calibre SU (1) * SU (3) * U (1) SU (2) * SU (3). Las masas imaginarias no existen, están vinculadas a algunos IBOSDSOO los cuales son asociados a ejes angulares invariables.*

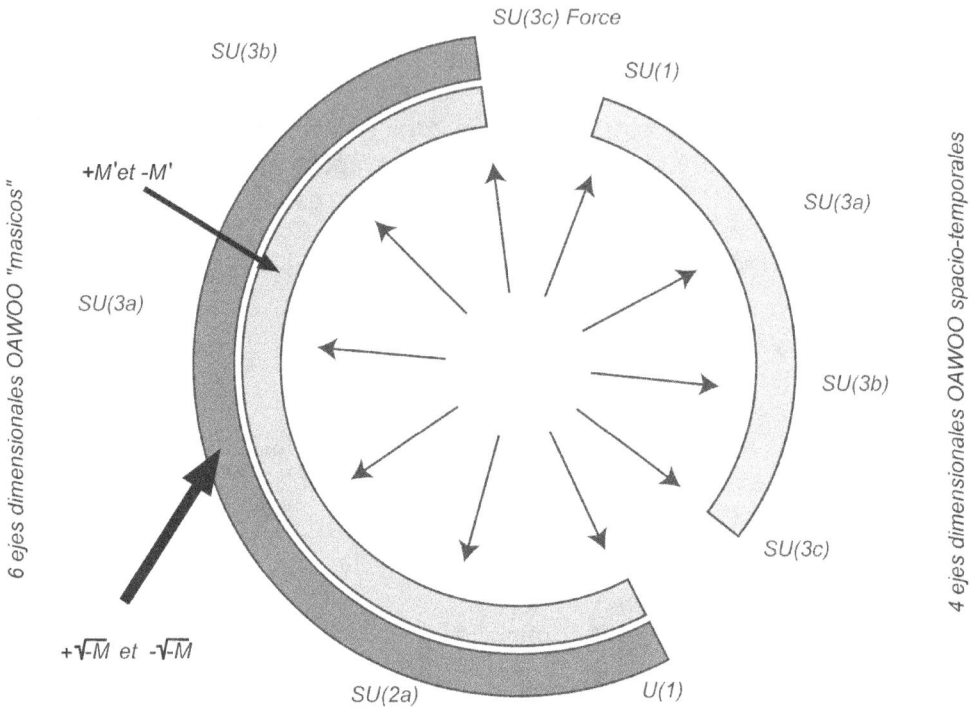

Anti-cosmos: la representación vectorial de las 10 dimensiones ejes angulares asociadas a los grupos de calibre habitual SU (1) * SU (3) * U (1) SU (2) * SU
(3). Las masas imaginarias conforman el XOODII, el «relevo» de la capa de las fuerzas
gravitatorias entre el cosmos y anti-cosmos.

Una forma 3D dodecaedro expresa una forma de representar un par cosmos / anti-cosmos, aquí:

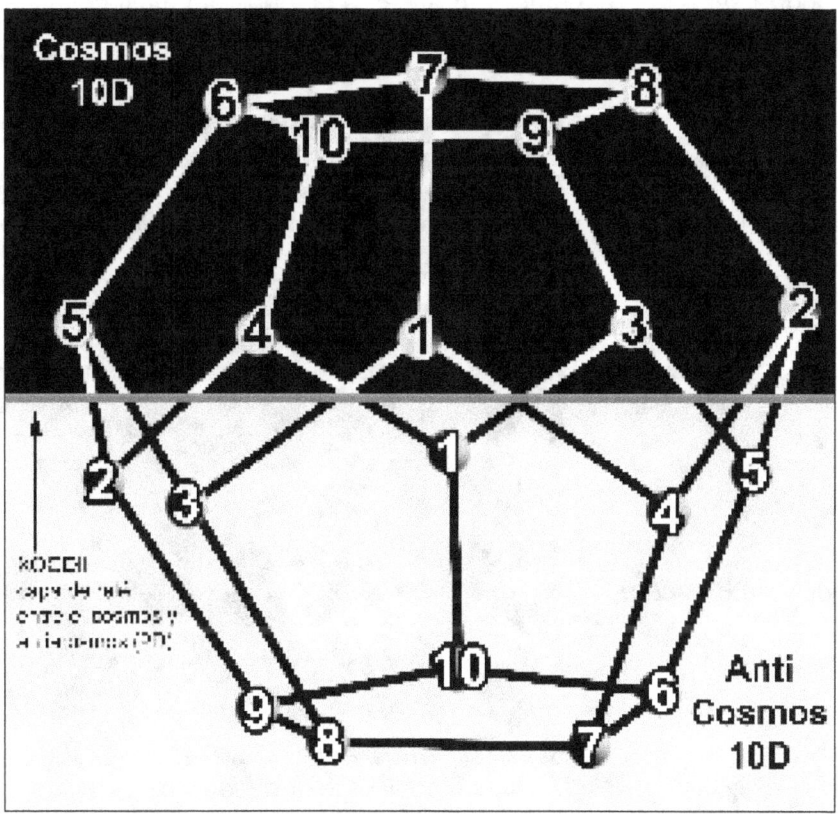

Acerca de la forma de dodecaedro:

El equipo franco-americano de los cosmólogos dirigido por Jean-Pierre Luminet, Laboratorio Universo y Teorías (LUTH) el observatorio de París, ofrece una explicación original para dar cuenta de un detalle sorprendente, observado en la radiación de fondo, el universo asignado por el satélite WMAP de la NASA. Según los científicos, que publicaron su estudio en la revista Nature el 9 de octubre 2003, una diferencia en la textura de la luz de la parte inferior del universo hecho podría explicarse por una forma global (una «topología») muy específica al espacio. El universo podría estar envuelto alrededor de sí mismo, un poco como una pelota de fútbol. Aquí nos encontramos con el espacio de Poincaré que se describe como una especie de esfera de 12 pentágonos ligeramente curvada, en definitiva, un dodecaedro.

Nuestro multi-cosmos por lo tanto, podría tener la topología de las burbujas de dodecaedro apiladas una sobre otra. Ya que las burbujas de jabón sencillo bajo presion adoptan una forma de dodecaedro (ver foto abajo).

«Para sostener el infinito en la palma de su mano», en palabras de William Blake podría ser la representación gráfica de la topología multi-cosmica como un simple baño de burbujas...

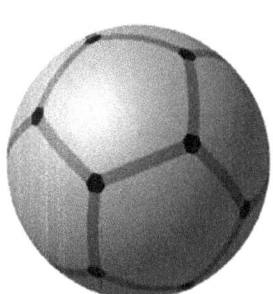

Espacio de Poincaré

Mosaico de dodecaedros parecido
a la topología del multi-cosmos

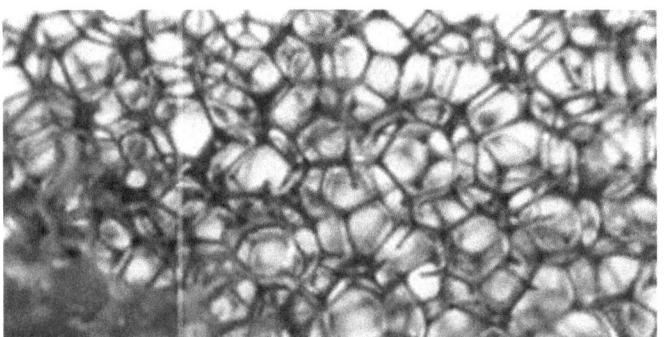

Burbuja en forma de dodecaedro bajo a presión

Consecuencias de las simetrías de gauge

Hemos utilizado el ejemplo de la simetría de gauge con las dimensiones angulares Ummo. Esto es un poco como si tuviéramos, en una escala cósmica, tubos llenos de canicas.

Si se presiona una bolita de un centímetro en el extremo de un tubo, en el extremo opuesto, habrá un desplazamiento espontáneo y simétrico de un centímetro. Esto implica que cada fenómeno tiene repercusiones espontáneas en una escala cósmica. Ni siquiera estamos preocupados por la velocidad de la luz, no hay causa y efecto simultáneamente. Una gota de agua que cae sobre la superficie de un lago, de forma espontánea afecta a todos los de la burbuja cósmica, sin ningún tipo de consideraciones de ondas que se propagan a través del tiempo en sí en una escala cósmica. La concepción cosmológica de IBOZOO UU implica la repercusión inter e interdependencia de todos los fenómenos en nuestro universo gemelo.

Resumen del capítulo:

De acuerdo con la cosmología de Ummo, el universo está formado por pares de cosmos / anti-cosmos. Cada cosmos puede ser definido matemáticamente en términos de un modelo de decadimensional. Estas dimensiones, diferentes de lo que llamamos dimensiones, se dice que son angulares y se refieren a un sustrato universal llamado IBODSOO-UU. Esto hace posible la explicación de la cosmogonía y la cosmología. Es este sustrato universal que determina las fortalezas y las implementaciones cósmicas del espacio-tiempo. Seis de las llamadas dimensiones «de masas» conforman cuatro tipos de masas:

- Masas positivas que forman los huecos en nuestro espacio-tiempo
- Masas negativas que constituyen obstáculos en nuestro espacio-tiempo
- Dos tipos de masas imaginarias de energía máxima (fotónica) marcó aquí
+ $\sqrt{-M}$ y - $\sqrt{-M}$

La pareja cósmica compuesta por nuestro cosmos / anti-cosmos está separada por una «capa de relevo» llamado XOODII. Ésta última se encuentra atrapada entre las presiones del cosmos y el anti-cosmos.

Las fuerzas gravitacionales producidas por las masas + M y - M del anti-cosmos, lo que hace que sean identificadas en nuestro cosmos como la «materia oscura». La «materia oscura» sería el efecto gravitacional de las masas del anti-cosmos sobre el cosmos, transmitido a través de las masas imaginarias de la capa XOODII. Las propiedades de esta capa relé XOODII se utilizan para la locomoción de las naves espaciales.

Para una nave espacial, un repentino cambio de 90 ° de la dirección no es otra cosa que el paso a otro marco tridimensional para maniobrar, seguido por el regreso a nuestro propio marco de referencia tridimensional. Nosotros no percibimos esta maniobra que nos da la ilusión de que un cambio de 90 grados se ha producido en nuestro continuo espacio-tiempo. De hecho, tenemos que entender la capa de enlace entre el cosmos y el anti-cosmos como una membrana que puede ser localmente distorsionada para formar una bolsa en el espacio-temporal. Esta última, bajo la influencia del anti-cosmos, tiene propiedades que son opuestas a las de nuestro propio cosmos.

Por lo tanto, los 200 o 300 G que podría causar un cambio en la dirección son casi cancelados. Además, la bolsa es absorbida por la presión del anti-cosmos y la nave de la primera bolsa con una velocidad mayor de lo que había a la entrada.. Los documentos de Ummo no están perfectamente claros sobre esto. De esta manera hemos extrapolado basándonos en su modelo cosmológico, con el in de llegar a esta conclusión (véase el capítulo sobre la locomoción de la nave espacial de Ummo).

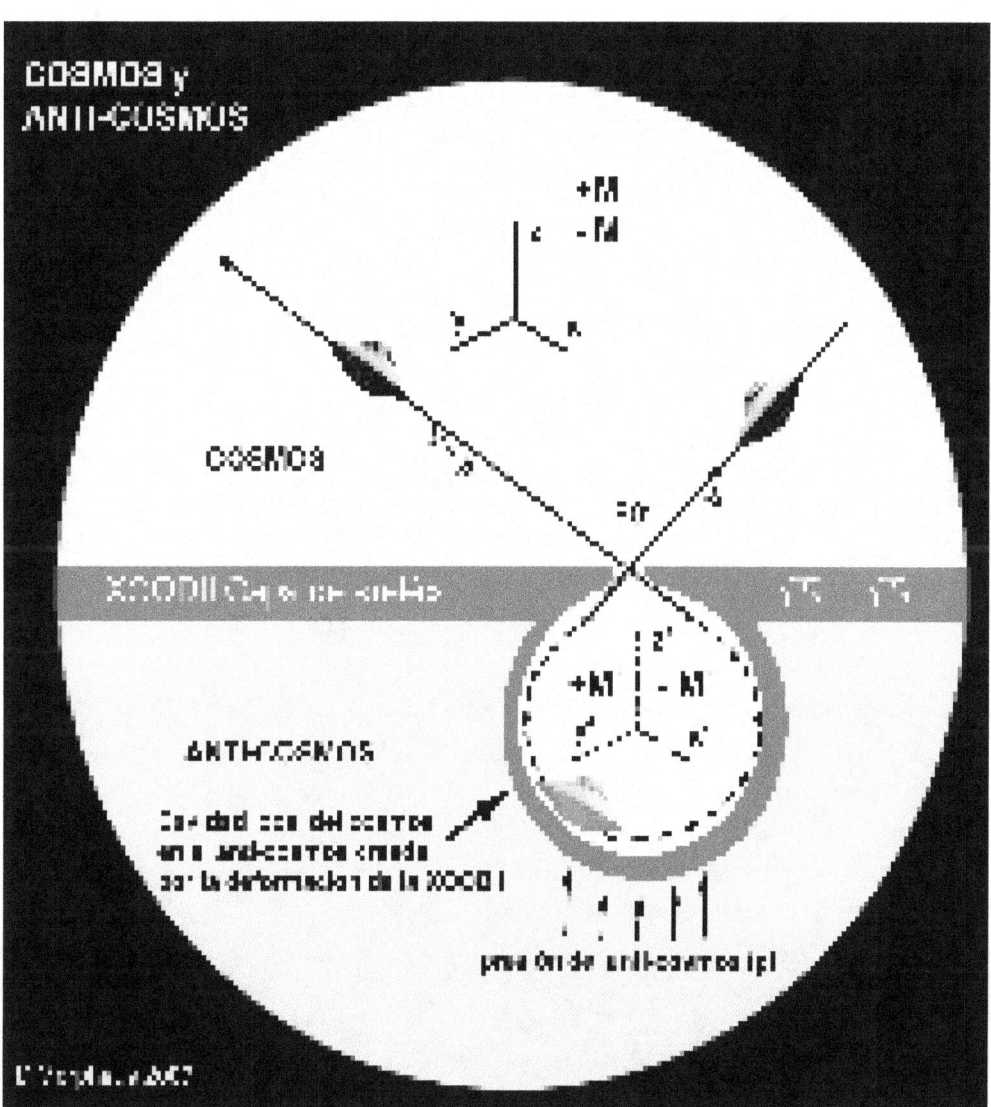

COSMOS y ANTI-COSMOS

4- LOS VIAJES INTERESTELARES

Las fuentes Ummitas hablan precisamente de las condiciones de los viajes interestelares. Tienen que permanecer 9 meses, un año o incluso más, en una nave espacial expuesta a los rayos cósmicos, las radiaciones, las desaceleraciones y aceleraciones, no es tan simple. Se requiere un equipo de supervivencia muy sofisticado que cumple completamente con todos los requisitos de un viaje. Sus naves también están diseñadas para mantener a los viajeros en un entorno gelatinoso, con el in de absorber los efectos de los cambios repentinos de velocidad...

El traje especial interestelar (EEWEANIXOO)

« El EEWEANIXOO constituye lo que ustedes denominarían «ESCA-FANDRA o TRAJE». En realidad este protector es sustituido consecutivamente por otros de diferentes características para diversas condiciones de vuelo.»

«El EEWEAANIXOO OOE es utilizado precisamente en la fase en que la AYIYAA OAYU o CABINA TOROIDAL es rellenada de una JALEA que nosotros llamamos DAXEE. Esta masa gelatinosa aparte de otras funciones, actúa como amortiguadora en procesos aceleradores o desaceleradores de la UEWA (nave). El OEMII viajero se encuentra así embutido en el seno de esa masa viscosa aislado por vía directa de sus hermanos y sometido a la dinámica de aceleraciones que algunas veces han sobrepasado los 245 metros/segundo^2 (aunque estos picos de gradientes en la función velocidad duran unas pocas fracciones de UIW (un rato).»

« La descripción tanto de estos «TRAJES» como del sistema BIEWI-GUU AGOYEE (CONTROL PSÍQUICO Y FISIOLÓGICO-BIOLÓGICO) exigiría en plano divulgatorio, otras tantas páginas como este informe. Como resumen le indicaremos que el EEWE (VESTIDO) es una membrana compleja que rodea periféricamente el cuerpo del viajero sin establecer contacto mecánico alguno su superficie con la epidermis del OEMII (CUERPO HUMANO).»

« El conjunto se encuentra situado en la masa gelatinosa de tal modo controlado, que cuando se va a producir una aceleración en una dirección determinada, la sustancia gelificada se licua en el entorno y el cuerpo del viajero adopta con ayuda exterior una postura idónea para que los efectos sean mínimos. El recinto que media entre la superficie interna del EEWEEANIXOO OOE y la piel humana, está rigurosamente controlado en función del grado de vasodilatación capilar de la epidermis, y de la transpiración de la misma. De ese modo el calor metabólico del cuerpo adopta los valores normales en condiciones habituales del viajero. Presión, Absorción de Bióxido de Carbono, Regulación del Nitrógeno, Oxígeno Vapor de agua y otros componentes del gas compuesto interior, son autoregulados en función de la información que brindan los detectores que controlan en cada instante las actividades metabólicas y Fisiológicas del Aparato respiratorio, circulatorio y epidérmico..»

«Los equipos de control Fisiológico han sido dotados de sondas trans-ductoras que verifican casi todas las funciones orgánicas en el interior de los tejidos orgánicos. Desde la actividad muscular y la valoración de los niveles de Glicógeno y ácido láctico hasta el complejo control de la actividad neurocorti-cal que suminista datos precisos sobre el estado psíquico del sujeto, toda la gama de dinamismos biológicos son registradas y suministradas a esta cor-riente informativa a través de cerca de $2,16 \times 10^6/$ canales informativos a un XANMOO que tras compararlas con patrones standard, «dicta» las respuestas efectivas o motrices a los órganos del BIEWIGUU AGOIEE.»

«La alimentación se verifica mediante la introducción de pasta por vía bucal. Algunos alimentos y el agua se introducen en cápsulas con envoltura insípida, que se disuelven al instante en contacto con la saliva. El grado tér-mico varía en las distintas zonas periféricas del recinto. La sensación que expe-rimentamos en el viaje durante la fase OOE durante los intervalos en que la aceleración es nula o moderada, puede definirse como una apacible percep-ción de flotación en un colchón de aire tibio. Apenas se aprecian los efectos vestibulares provocados por la rotación de la AYIYAA OAYUU para provocar una gravedad artificial debido a la introducción en las proximidades del labe-rinto membranoso de dos dispositivos de control mediante una sencilla inter-vención quirúrgica (Ambos en forma de aguja se introducen sin dañar tejidos ni red arterial y neuronal)»

«El recinto que separa la epidermis del EEWE sufre una considerable ampliación en el rostro, en forma troncocónica. La base de tal tronco, abarca-ble desde el ojo con un ángulo de 130° sexagesimales a una distancia de 23 centímetros, es una pantalla provista en su área de unos 16×10^7 centros exci-tables capaces de radiar cada uno con diversos niveles de intensidad, todo el espectro electromagnético entre $3,9 \times 10^{14}$ y $7,98 \times 10^{14}$ ciclos/segundo. La definición de imágenes obtenidas es lo suficientemente alta para que ambos ojos no puedan discriminar entre percepciones visuales normales y las genera-das artificialmente por este órgano. La visión binocular se consigue gracias a la disposición prismática de cada núcleo emisor. La excitación de caras opuestas, de modo que cualquiera de los ojos no tenga acceso a la imagen o mosaico del otro, se consigue de un modo muy complejo.»

«Un transductor registra los campos eléctricos generados por los mús-culos oculares de ambos ojos (verdaderos electromiogramas) El XANMOO conoce así en cada momento la orientación del eje pupilar. Por otra parte los prismas excitables que integran la pantalla (de dimensiones microscópicas, estos últimos) están situados en la superficie de una capa de emulsión viscosa que les permite libre giro. Estos prismas están controlados mecánicamente por medio de un campo magnético doble, de modo que la mitad de ellos obe-decen a un componente horizontal del campo, y los restantes al transversal. De ese modo uno, otro grupo orientan sus caras, independientemente, como dos persianas venecianas de las utilizadas por los Terrestres, que orientan independiente sus láminas, cuando tiran de las cuerdas que regulan el ángulo para la entrada de la luz. (en este caso las «cuerdas» serán ambos campos magnéticos, y el factor motor la respuesta del XANMOO a los micro-movimientos musculares del globo ocular.»

«La percepción binocular ofrece imágenes de relieve normal de modo que el sujeto cree estar viviendo un mundo real lejos de la envoltura y la masa gelatinosa que lo envuelve. Puede probar coger objetos que «ve cerca de sí» y como la libertad de movimiento muscular es amplia, pese a la resistencia del medio viscoso, es aconsejable que lo «intente» para evitar la inactividad muscular.»

«Los estímulos acústicos están sincronizados con la imagen. El viajero puede ver los rostros de sus hermanos, dialogar con ellos o sumergirse en el paisaje cuajado de ANAUGAA (Especie arbórea) de nuestros lejanos bosques de UMMO. Dos YOYGOAAXOO alojados en las fosas nasales suministran en secuencias no tan ricas como en el medio natural pero suficientemente rápidas programas de IAIKEAI (ESTÍMULOS OLFATIVOS) también sincronizados con la imagen. Éste es uno de los aspectos del control Psicobiológico a que se ve sometido el hermano viajero. Podemos a voluntad visualizar los equipos de control de la UEWA, o leer un texto de estudio. Uno de los medios más interesantes es DOOGOO. Gracias a este sistema los movimientos musculares imitando la prehensión de un estilete, o como llamarían ustedes, lápiz o pincel, son inyectados tras su registro al XANMOO. Éste ordena las respuestas de la mano como si ésta hubiera trazado en efecto un dibujo un gráfico, o un texto. La imagen artificial de esta composición ficticia aparece en .la pantalla binocular, como si en efecto hubiese dibujado en una superficie tales caracteres gráficos.»

«Un dispositivo integrado en el recto recoge la defecación del viajero. Ésta es en primer lugar deshidratada, los residuos son luego mediante análisis químico riguroso disociados y transmutados en Oxígeno u otro elemento químico gaseoso. Algo parecido se realiza con la orina de modo que el agua químicamente pura de ambas excreciones junto con la sobrante del recinto gaseoso de la EEWEE (Cuyo grado de humedad es función continuamente regulada) es remitida a los depósitos centrales en forma de vapor.»

Pasar de un extremo del cosmos a otro

Muy sucintamente, hemos de imaginar que la artesanía puede pasar de un extremo del cosmos a otro mediante la adopción de un «atajo» a través de otro cosmos. Este es el primer punto clave para entender cómo los viajes interestelares pueden ser posibles. Nuestro marco tridimensional cosmológico tiene, en cierto sentido, la forma de una « torta « que se dobla más o menos.

La luz sigue la forma de la 'torta', ya que se propaga como nosotros dentro de él. Para llegar a un punto distante en la superficie en menos tiempo del que toma a la luz, tenemos que salir de ella, entrando en otro marco adyacente en tres dimensiones, y luego volver a entrar después de haber tomado una trayectoria «recta», donde la luz ha tenido una trayectoria curva.

El Espacio que separa las distintas acumulaciones Galácticas del WAAM (COSMOS) no deben ustedes tampoco interpretarlo con el símil simplista de una Sábana extendida y plana. Mas bien parecería ésa misma sábana ondulada por el viento, Ondulaciones que como es lógico si somos fieles a ésa imagen didáctica, se producen en una «cuarta, una quinta, etc ... dimensión. (El origen de tales ondulaciones es EXTRACOSMOLÓGICA, Producida por un WAAM (COSMOS) gemelo, pero eso es lo de menos en esta explicación.

«Lo cierto es que se producen, y ello aunque les parezca extraño, facilita los viajes extra planetarios. Imaginen ustedes dos manchas de tinta situadas en la sábana a 10 cm. de distancia. Ésa sería la trayectoria que habría de seguir una astronave o la luz que partiera de la primera mancha o Planeta hasta la segunda. Si ahora Pliega la sábana a lo largo de un eje que corta perpendicularmente en el punto medio de la distancia que separa ambas máculas, no cabe duda que existirá además de esa distancia (la que los matemáticos terrestres denominarían Geodésica), la otra mucho más corta que, saliéndose de la superficie de la sábana, atraviesa el espacio aéreo que separa ambos puntos.» (D57-1).

«Más observen que tal distancia es axial a una dimensión que cae fuera del Espacio tridimensional representado por el tejido de la sábana. La única vía para conseguir situarnos en un marco tridimensional de referencia, que no sea el de la propia tela de esa sábana que nos sirve de símil, será orientar nuestros propios corpúsculos subatómicos hacia un eje distinto. Expresado en el lenguaje físico de los Físicos de laTierra: permutar las partículas subatómicas con un control homogéneo riguroso.»

«El Cosmos es un continuo espacio tiempo decadimensional, curvado en su conjunto formando una Hiperesfera inversa (es decir con dos radios de igual magnitud pero inversos) Pero aparte de esa inmensa curvatura universal, se ve sometido a otros dos tipos de curvatura.»

«Es imposible sin embargo representar en un dibujo tales curvaturas (Puesto que sobre una superficie solo pueden plasmarse imágenes de tres dimensiones) sin embargo intentaremos trazarle unas ingenuas grafías utilizando los medíos de expresión habituales entre ustedes (en este caso lápices de color) Acoja pues con reserva tales gráficos que solo tienen valor didác-

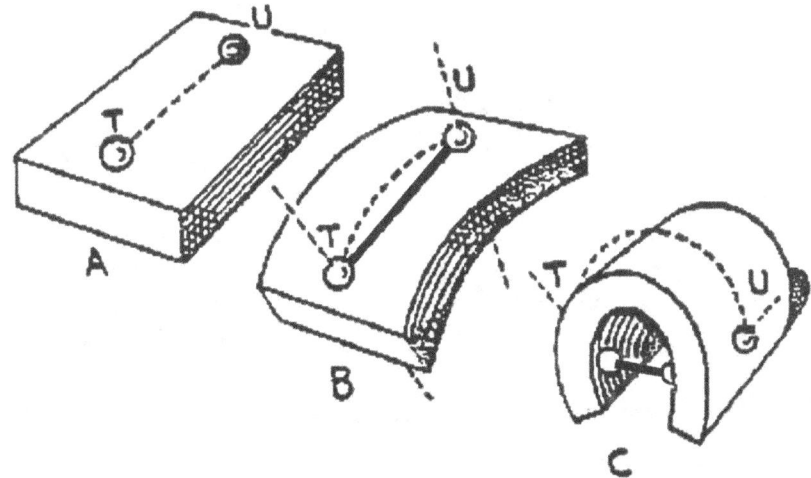

tico..» (D45) «La imagen A le indica: Cómo vemos o apreciamos los humanos un «fragmento» del ESPACIO que engloba dos astros cualquiera (supongamos Tierra y UMMO) La línea ROJA representa el aparente camino mas corto, es decir, el que seguiría un rayo de LUZ (es decir un haz de IBOAAAYA OU (FOTONES) o bien uno de sus proyectiles teledirigidos.»

«La imagen B le sugerirá: Cómo suele estar curvado ese mismo espacio, a través de una cuarta dimensión. Esos inmensos «pliegues» influencia del UWAAN (Nuestro Cosmos gemelo al cual nos referimos en otro informe) Existen sin embargo otras curvaturas mucho más pequeñas, diminutos pliegues o arrugas que usted podrá identificar con lo que nuestros sentidos perciben como MASAS. Las Galaxias, y dentro de ellas los astros, el cuerpo humano, una piedra, …no son sino pequeños «hoyos» o curvaturas del espacio a través

de un cuarto eje dimensional -Observen que los científicos terrestres han identificado la curvatura general del ESPACIO y estas pequeñas curvaturas-MASA
pero ignoran los grandes Pliegues variables que les hemos mencionado en
segundo lugar.»

Como ven, la línea VERDE de la imagen B o C representará pues la
AUTÉNTICA DISTANCIA MÁS CORTA (ideal para los viajes interplanetarios)
en ese espacio Tetradimensional. Cuando el radio de esa curvatura es grande
(imagen B) ambas líneas tienen casi la misma longitud, y los viajes espaciales
se realizarán todavía en un tiempo muy largo aún desplazándose con velocidades cercanas a la de la luz.

Más si la curvatura es pronunciada (imagen C) la línea isócrona será
sensiblemente más corta que la línea ROJA de la propagación de la LUZ.
En las imágenes D y E podrán distinguir dos tipos de líneas ideales. Las líneas
isócronas que representan la verdadera línea más corta.

Las IISUIW (líneas isócronas) se caracterizan que por la misma línea
dos observadores 1 y 2 verifican que el tiempo es sincrónico. Sin embargo, para

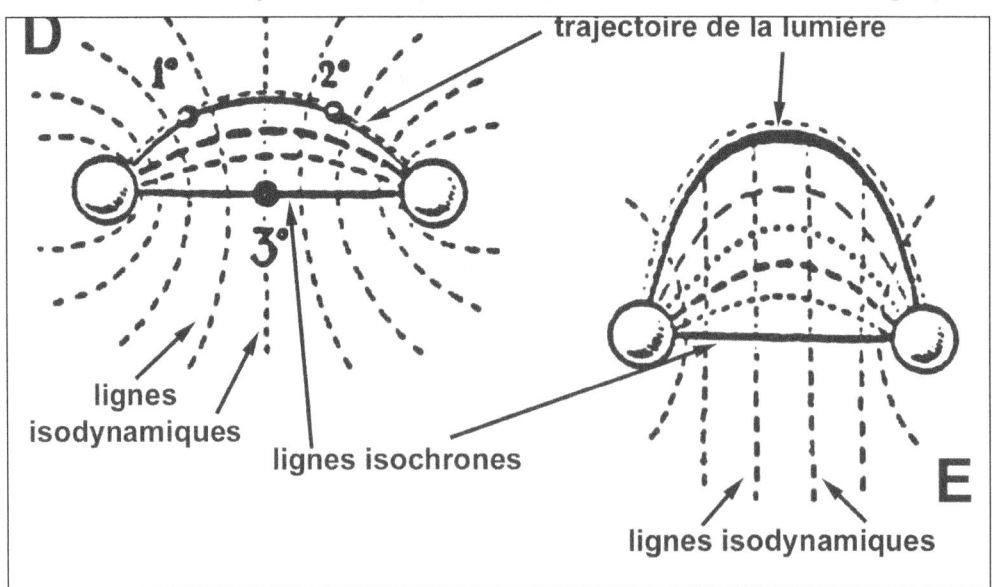

el 1 y 3 ubicado en las IISUIW diferentes, el tiempo fluye de otra manera.
«Las líneas USDOUOO (isodinámicas) son divergentes en la imagen
de D, por contra, en la imagen E son paralelas (....)» «Sólo cuando las líneas
USDOUOO o isodinámicas no convergen o divergen, es decir son paralelas
(Imagen E) nuestros científicos pueden tener conciencia de que la distancia a
otro Astro es mínima, y pueden desplazarse a través de esa IISUIW (isócrona)
con nuestros UEWAS (naves).»

«Más esta curvatura del espacio, sufre modificaciones periódicas gene-
radas por la influencia de UWAAM Hoy puede ocurrir que nuestro Planeta

UMMO esté más cerca del Planeta Tierra que la misma estrella ALFA DE CEN-
TAURO, y de hecho ha ocurrido varias veces.»

«La imagen F ayudará a comprenderlo. En condiciones normales
IMAGEN F la distancia aparente ? de Centauro y la Tierra será de unos 4,4
años luz, en cambio IUMMA y UMMO distarán más de 14 años luz.»

«Pero si como indica la IMAGEN G el espacio se curvara, puede ocurrir que las distancias reales VERDE y AZUL varíen a favor del espacio que
nos separa de UMMO. Por supuesto la trayectoria de la LUZ (línea roja) no ha
variado.» (S45-C)

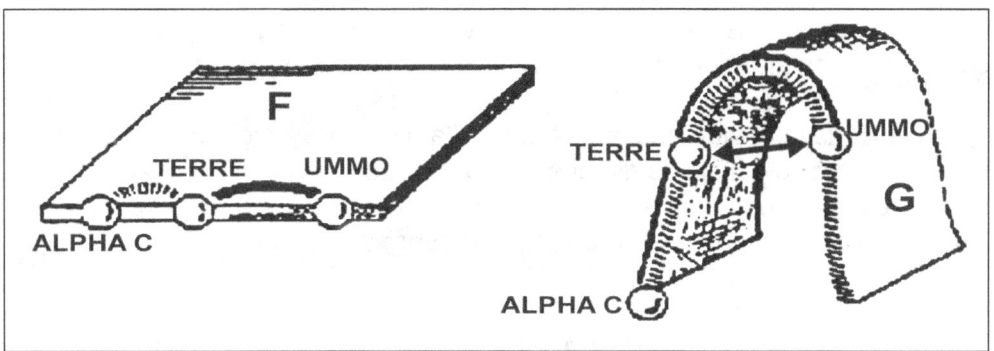

Trasladarse a otro marco tridimensional

Si nos imaginamos que las naves espaciales se mueven de un extremo a otro a nuestro cosmos, tomando un atajo por otro marco tridimensional, es fácil darse cuenta de que el paso de un vehículo que consta de materia en las otras tres dimensiones y que reside en un marco de antimateria, podría muy bien dar lugar a la explosión de esta nave. ...

Pero no hay nada, porque el cambio de marco tridimensional cambia la masa en energía, y viceversa, pero sin cambiar las «cargas». La masa +M se convierte en energía +E, y viceversa la energía +E en masa + M. En ningún punto, la masa +M se convierte en negativo masa -M. ¡La materia no se convierte en anti-materia, sino que «simplemente» en energía!

Las naves están equipadas con la llamada «inversión de partículas», o mejor dicho «giro del eje de dimensiones», que se llama OAWOLEAIDAA, que convierte directamente en el marco tridimensional la energía actual en materia, el otro marco tridimensional, y la masa en energía.

«El concepto OAWOOLEAIDAA se refiere únicamente a una « transformación de una red de IBOZOO UU» limitada «a la inversión de los «ejes» tridimensionales de los IBOZOO UU (sustrato universal, especie de «cuerdas»). La palabra OAWOLEA se puede traducir como «El desplazamiento tras la «dimensión angular» que genera el paso de las entidades dimensionales de un entorno físico a otro.»

En otras palabras un giro de 90 ° de la orientación axial de la «dimensión angular» del marco dimensional. La palabra AIDA se puede traducir como «delimita el desplazamiento angular.»

En resumen, OAWOOLEAIDAA está «avanzando a lo largo de la dimensión angular que genera la transición de entidades dimensionales por la sustitución de una posición angular de una a otra y tiene una delimitación del desplazamiento angular.» En otras palabras la rotación del eje está delimitada a 90 °.

Según D. R. Denocla "PRESENCIA 2 - El lenguaje y el misterio del planeta Ummo revelados", UMMO WORLD Publishing

El cambio de los ejes angulares

El dispositivo de inclinación angular de un ovni causa «la conversión de todas las partículas de la materia» en energía con su paso en las otras tres dimensiones del marco.

Más precisamente, todas las partículas dentro de los límites de un campo magnético muy intenso, en las condiciones energéticas de muy alta presión, convierten instantáneamente la materia en energía y viceversa. (Vea el diagrama de la página siguiente.)

La relación de masa-energía de la variación de la relatividad $E = MC^2$ se encuentra en ambos casos. Inicialmente, el aporte de energía para «eliminar» la masa, y en la llegada, por la vuelta de la masa por la «absorción» de energía.

El «desenganche» en el umbral P0-t0 está probablemente relacionado con la naturaleza discontinua del substrato cosmológico que son los IBOD- SOO. Los Ummitas hablan en estos términos:

«A presión crítica el valor de que es superior a quince millones de atmósferas en sincronía con un intenso campo magnético OXAAIUYU produce una LEEIIYO (cambio de los ejes de la IBODSOO) lo que explica la OAUOO-LEIBOZOO, en otras palabras, una inversión corpuscular que permite a nuestras naves espaciales viajar a través de otro WAAM (cosmos).»(D731)

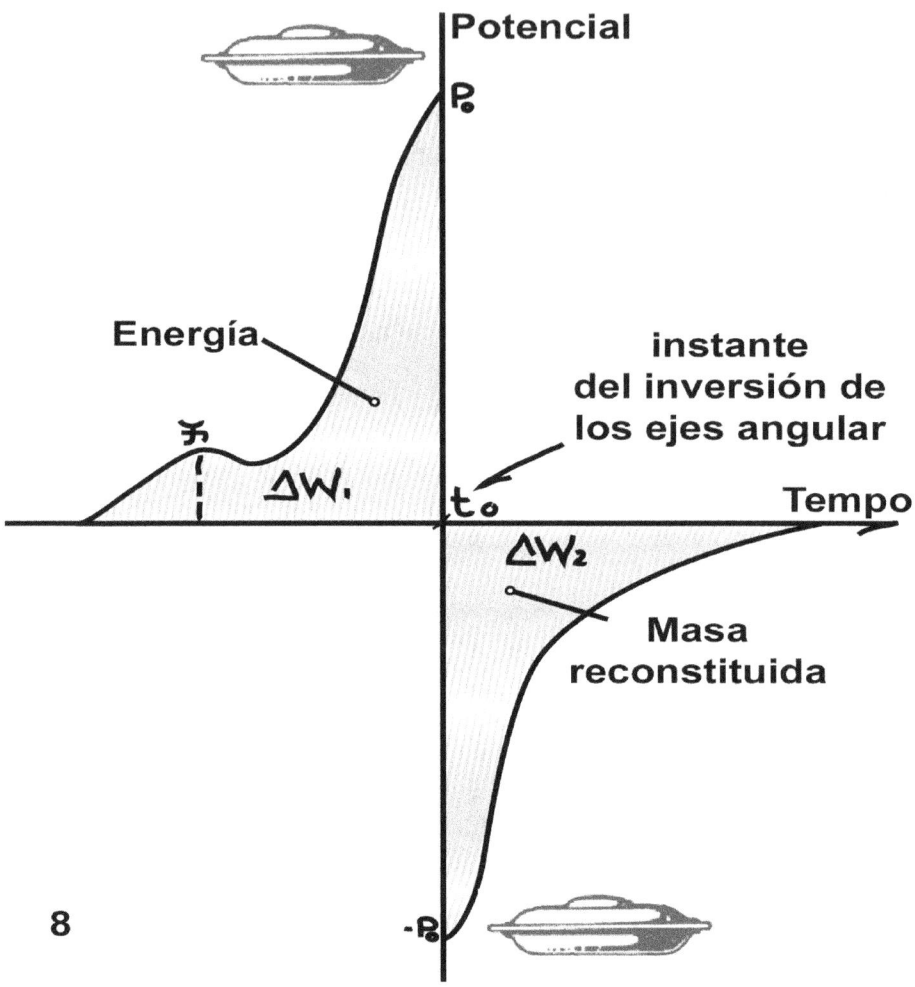

Es posible que el consumo de energía también está relacionado con la forma de los OVNIs, un consumo de energía para «arrancar» hasta «saturar» todas las partículas de energía (la primera parte de la curva).

Entonces, un aumento de energía del sistema hasta un umbral crítico, produce lo que podríamos imaginar como un colapso gravitacional. Luego, la materia es absorbida de forma instantánea, y sale en el otro marco tridimensional como energía. Toda la operación se lleva a cabo durante un período de tiempo de casi cero.

Naves espaciales Ummitas y otras

Cada exo-civilización tiene su propio vehículo. El «platillo volante» de tipo puede dar lugar a los: «quesos volantes», «puros volantes», «huevos volantes», «pelotas volantes», «tazas volantes», etc.

Además del aspecto caricaturesco y anecdótico, se tiene que tener en cuenta que en esta tipología sólo se da una visión de un 70 a 80% de los tipos de naves interestelares que pudieran existir. Por otra parte, las formas de naves posibles, tienen necesariamente que ser curvas y simétricas. Por lo tanto se excluyen las formas cúbicas o asimétricas.

Presentamos aquí, los principales tipos de naves interestelares tradicionales, por debajo de la curva específica del cambio de los ejes angulares de los cuales hemos hablado antes.

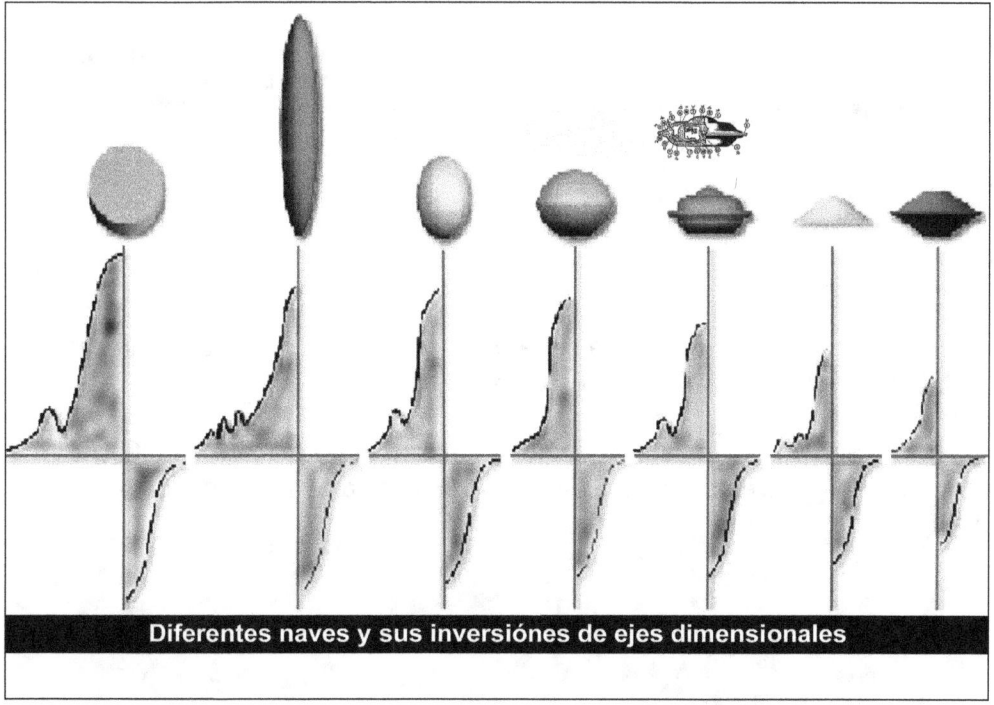

Diferentes naves y sus inversiónes de ejes dimensionales

Se dará cuenta que dependiendo de la forma, hay ligeras variaciones en las curvas...

El dispositivo de conmutación de los ejes angulares de un OVNI

«El dispositivo llamado IBOZOOAIDAA (cambio de ejes angulares) está presente en toda la masa sólida de la estructura, a pesar de que el centro de control se encuentra en todos nuestros modelos de nave, en el ENNOI, una especie de cilindro con forma de torre corona nuestra nave...».

«La superestructura de la nave está protegida por una sustancia cerámica finamente perforada que cubre el exterior de la armadura de placas».

«Hemos creado una capa de seguridad espacial cuyo espesor alcanza 0,0176 ENMOO (1 ENMOO es equivalente a cerca de 1.873 metros, por lo tanto, aquí de 33 mm), que rodea toda la nave UEWA.»

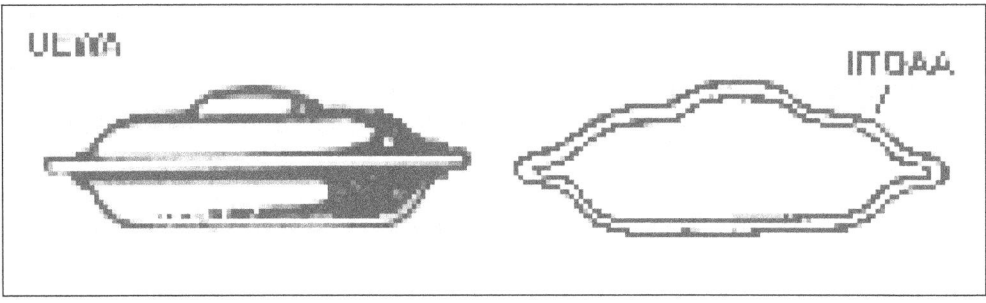

«Llamamos IITOOA esta capa externa, cuya morfología es similar a la de la nave, entre sus paredes y el resto del espacio.»

«Cada partícula subatómica o «quanton» energética IBOZOO UU ubicada dentro de este recinto se puede trasladar a otro sistema de tres dimensiones.» (D. 69-5)

La energía utilizada por las naves espaciales de Ummo

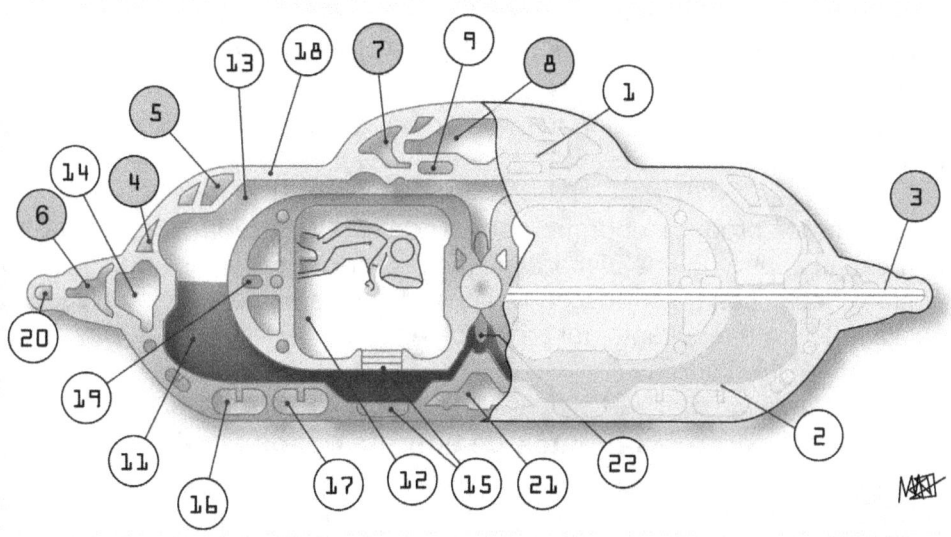

3 - DUII: anillo ecuatorial o la corona que rodea el UEWA.

4 - AAXOO XAIUU Ayii: un toroide (*) que genera un campo magnético.

5 - NUUYAA: embalses toroidales de litio fundido y peróxido de hidrógeno.

6 - IDUUWII Ayii: equipos de propulsión situados en un recinto en forma de anillo incrustado en el DUII.

7 - Generador de Energía: Se transforma la masa de litio y el bismuto en energía, después de haberlos transformado en plasma.

8 - IBOZOO AIDAA: Centro de control de inversiones IBOZOO UU.

«El IDUUWII Ayii (propulsión) el equipo está situado en un toroide de rotación (*).»

Este término puede ser transcrito por:

«Un equipo para producir un campo de fuerza en un toroide de rotación (*).»

«El tipo de alta gravitación de las frecuencias es mucho menos energético que las electromagnéticas, a pesar de que son reforzadas por un efecto de « auto-resonancia « de la gravitación. Esta es la única razón por la que se utilizan para estas aplicaciones domésticas menores, así como para fines de comunicación. «(D 41-5)

« El generador de energía n ° 7, transforma una masa de litio y de bismuto en energía, después de haberla transformado en plasma. (D69-1). La fuente de energía se encuentra en el ENNOI (torre o cúpula). Este generador de energía también tiene una forma toroide. Su componente más característico es un gas ionizado, cuyo flujo es controlado por un campo complejo, de muy alta frecuencia magnética (en este caso yo uso la palabra «red» como sinónimo de «red» o «parrilla del espacio»).

«La temperatura del gas ionizado, cuando está en resonancia con la frecuencia del medio ambiente magnético, llega 7x105 grados Kelvin.»(D69-2).

Los hombres de Ummo también mencionan un activador nuclear para generar plasma.

«Es fácil producir energía, confinando la antimateria suspendida por antigravedad dentro de una cámara de vacío y poco a poco la liberación de su masa, se chocan con una masa equivalente de la materia ordinaria, y luego se canaliza la energía resultante del proceso de fusión.» (D1378)

Las hipótesis sobre las fuentes de energía de los Ovnis

Las diversas hipótesis acerca de las fuentes de energía utilizadas por las naves espaciales de Ummo se pueden presentar a través de varios escenarios que describen el proceso posible que se utiliza. Tienen que ver exclusivamente con el proceso de la energía que va desde 1 - la ENNOI (torre o cúpula) al 6 - IDUUWII Ayii, los equipos de propulsión situado en el 3 - DUII.

Por lo tanto, no estamos tratando de averiguar una hipótesis sobre el número de dispositivo 8 (IBOZOOAIDAA: el equipo de control central para la inversión IBODSOO-OU), o una hipótesis acerca de la técnica utilizada para generar el número de campo gravitatorio 6 - IDUUWII Ayii.

El litio-tritio, hipótesis de fusión

a) Litio fundido (+ 170 ° C) que figura en uno de los tanques (5 - NUUYAA) y algunos (no localizados) de bismuto se transforman en plasma de generación de energía (7).

b) Mientras que el plasma está encendido, el litio (área # 5) y la zona no numerada a la izquierda, donde el bismuto puede ser, desempeñan una función estabilizadora para el litio. El bismuto es uno de los elementos más pesados entre los que no son naturalmente radiactivos, que podría ayudar a estabilizar el plasma (como el Xenon hace en el «motor de plasma») y se convierten en una fuente de partículas alfa, útil para confinar el plasma.

c) La cámara toroide en la zona 7 se coloca debajo de los campos magnéticos generados por el Área # 4. Los residuos en el área # 7 serían llevados a un estado de plasma que genera emisiones de neutrones suficientes para transmutar el litio en tritio + las partículas alfa + energía.

d) Esta energía se hace cargo del sistema de calefacción del litio y el bismuto líquido.

e) La gestión de la energía del lujo de neutrones, debido a la transmutación de litio en tritio, a la zona 7 es a través de la pared vascular de la máquina.

f) Así que nos quedamos con tritio e hidrógeno del agua (zona 5-izquierda) que daría deuterio. Entonces tenemos la reacción clásica de la fusión de deuterio-tritio (JET Tokamak).

g) Reciclado en circuito, no hay limitaciones. Estrictamente limitados a las de plasma, lo lleva a una corriente que induce un campo magnético que, en sí mismo, induce a la corriente del plasma.

h).Por último, hay una zona de emisión de materia de la Zona 7 hasta la zona 6. Esto último produciría, al convertir, un campo gravitatorio.

La hipótesis de la anti-materia: Litio / Anti-litio

a) El litio fundido (+ 170 ° C) contenido en un depósito (5 - NUUYAA) y el bismuto (no localizado) se transforman en plasma generador de energía (7).

b) Cuando se enciende el plasma, el litio (zona 5) y el área numerada en la izquierda, irían hacia donde lo que sería el bismuto, éste funciona como fijador para el litio. El bismuto es un elemento natural de los más pesados, que no es radiactivo, lo que podría ayudar a estabilizar el plasma (como el xenón en el «motor de plasma») y convertirse en una fuente de partículas alfa, útil para el confinamiento del plasma.

c) La zona toroidal 7 es controlada por un complejo campo magnético de alta frecuencia. Cada capa de plasma es un «aislamiento» de la capa adyacente (estrato más «frío» en el exterior), en contacto con la cámara toroidal.

d) Cuando el campo magnético resuena con el plasma de litio-bismuto, se aumenta la temperatura de 7×105 grados Kelvin.

e)Los anti-átomos de litio almacenados en suspensión antigravedad dentro de una cámara de vacío (no localizado) serían poco a poco inyectados en el plasma de litio-bismuto, átomo por átomo, causando fusiones de litio / anti-litio.

f) La energía producida se transmite después de un proceso desconocido (resonancia?) En el equipo (6 - IDUUWII Ayii) que produce un campo de fuerza que genera un efecto de la gravedad o antigravedad...

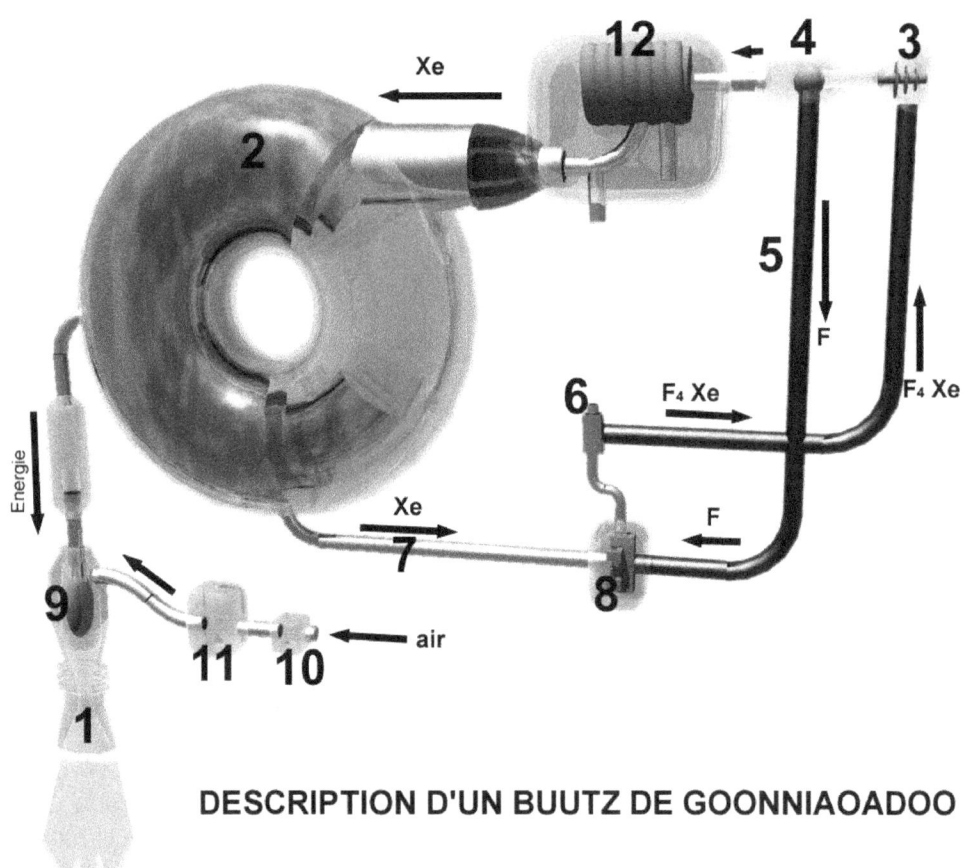

DESCRIPTION D'UN BUUTZ DE GOONNIAOADOO

El ejemplo de un motor de plasma Xenon

«El principio de este BUUTZ es bien conocido en nuestro planeta para un equipo de técnicos bajo la dirección de YUIXAA de 37 años, hijo de YUIXAA 36, quién lo ha desarrollado. Los cambios posteriores se refieren sólo a controlar el proceso que se lleva a cabo hoy por un XANMOO (computadora con memoria de titanio).»

«Aunque el programa está diseñado de manera muy básica y no incluye los equipos auxiliares para el auto-control, comprobaron que funcionan correctamente. El BUUTZ trabaja sobre la base de un generador térmico GOON-

NIAOADOO causando la expansión repentina del aire licuado de antemano. El oxígeno y el nitrógeno ya gasificado a través de una boquilla (1) se proyectan hacia el suelo, lo que, en respuesta, da el equilibrio aerodinámico del vehículo.

Analicemos el proceso:

En la imagen pueden ustedes apreciar una cámara toroiforme. Este equipo (2) transforma Gas XENÓN en GOONNIAOADOO Un estado del Gas en que a una elevadísima temperatura los átomos permanecen bajo la forma de NIIOADOO (IONES) La Temperatura en el seno de la corriente toroidal llega a ser de 1.600.000 grados C. Terrestres en un entorno gaseoso cuyo filamento circular o anular tiene un diámetro de apenas 3 micras terrestres.

El gas XENÓN necesario para el funcionamiento se almacena en forma de cristales de tetraluoruro de Xenón (F4 Xe) en la cámara (3). No queden ustedes extrañados al citar este compuesto químico, tratándose de un gas noble, (como lo llaman ustedes) por creer que no es capaz de combinarse con otros elementos químicos. Sin embargo no les será a ustedes difícil de obtener estos cristales calentando a 400 grados solamente, una mezcla de Flúor y Xenón en una cámara de metal Níquel. Se obtienen unos pequeños cristales solubles en agua y que se subliman fácilmente. Nosotros utilizamos muchos compuestos de Helio, Kriptón, y Radón.

El tetraluoruro de Xenón es descompuesto en el Equipo (4) pasando el Xenón al Reactor Toroidal citado, mientras que el Flúor se canaliza hacia el Regenerador (5) almacenándose previamente a gran presión en la cámara (6).

Cuando el motor está parado se recupera el gas Xenón a través de la conducción (7) para sintetizarse de nuevo en forma de Tetraluoruro en (8).

La energía brindada por la Cámara de Plasma (2) se canaliza hasta el EXPANSOR (9). Es en ese punto, donde el aire previamente licuado por el equipo (10) y almacenado en la cámara (11) se expansiona violentamente siendo proyectado hacia abajo a través de la Tobera (1).

El equipo (12) es un recalentador del Xenón y el (4) un ACTIVADOR NUCLEAR PARA LA FORMACIÓN DEL GOONNIAOADOO que trabaja sobre una base de auto-resonancia.

Existe una razón técnica para la utilización de un compuesto de Xenón en vez de utilizar el gas puro. Y es que al descomponer éste a gran temperatura una fracción de sus átomos quedan ionizados, fenómeno que no se presenta en el estado libre de este tipo de gases inertes.

Ilustraciones 3D Tecnologías Ummitas
(Diseñador de Davy H)

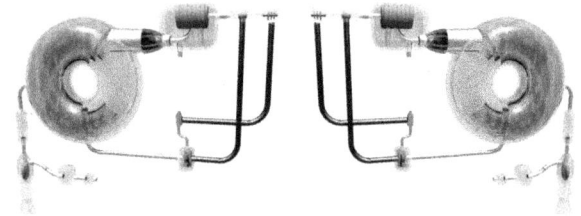

gooniio : nave volante planetario

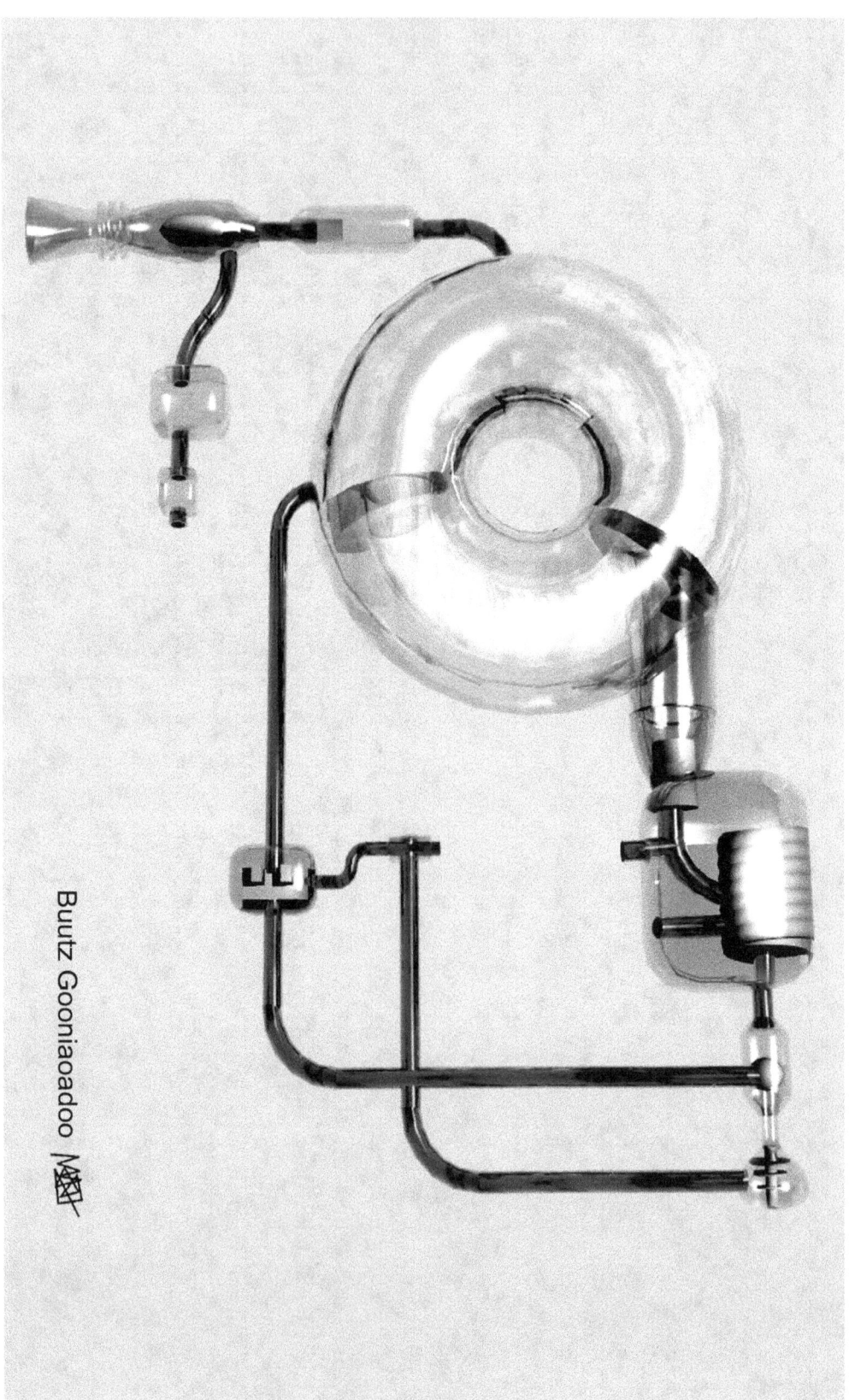

Buutz Gooniaoadoo

Vivienda Ummita llamada Xaabii

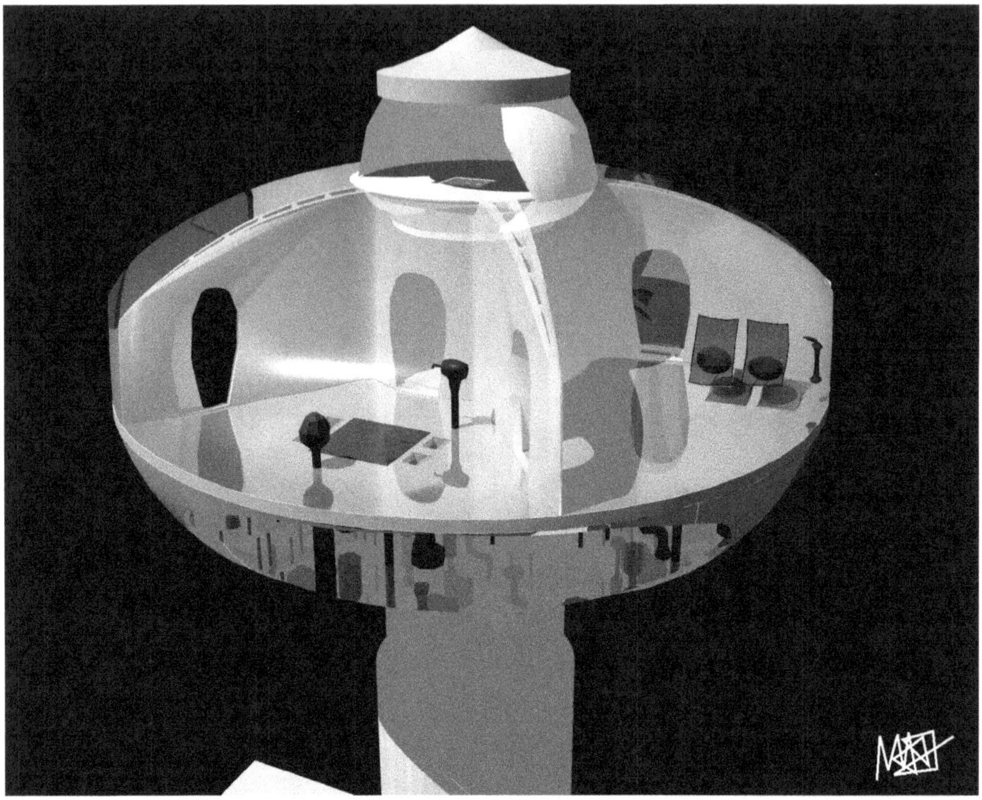

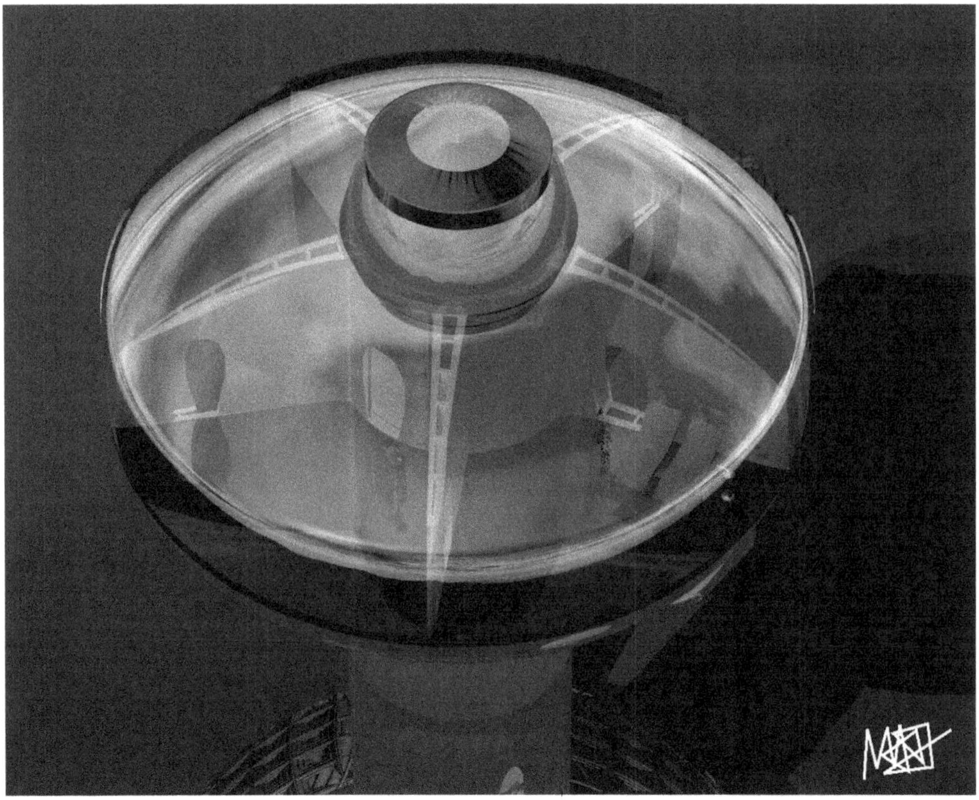

Uewa M

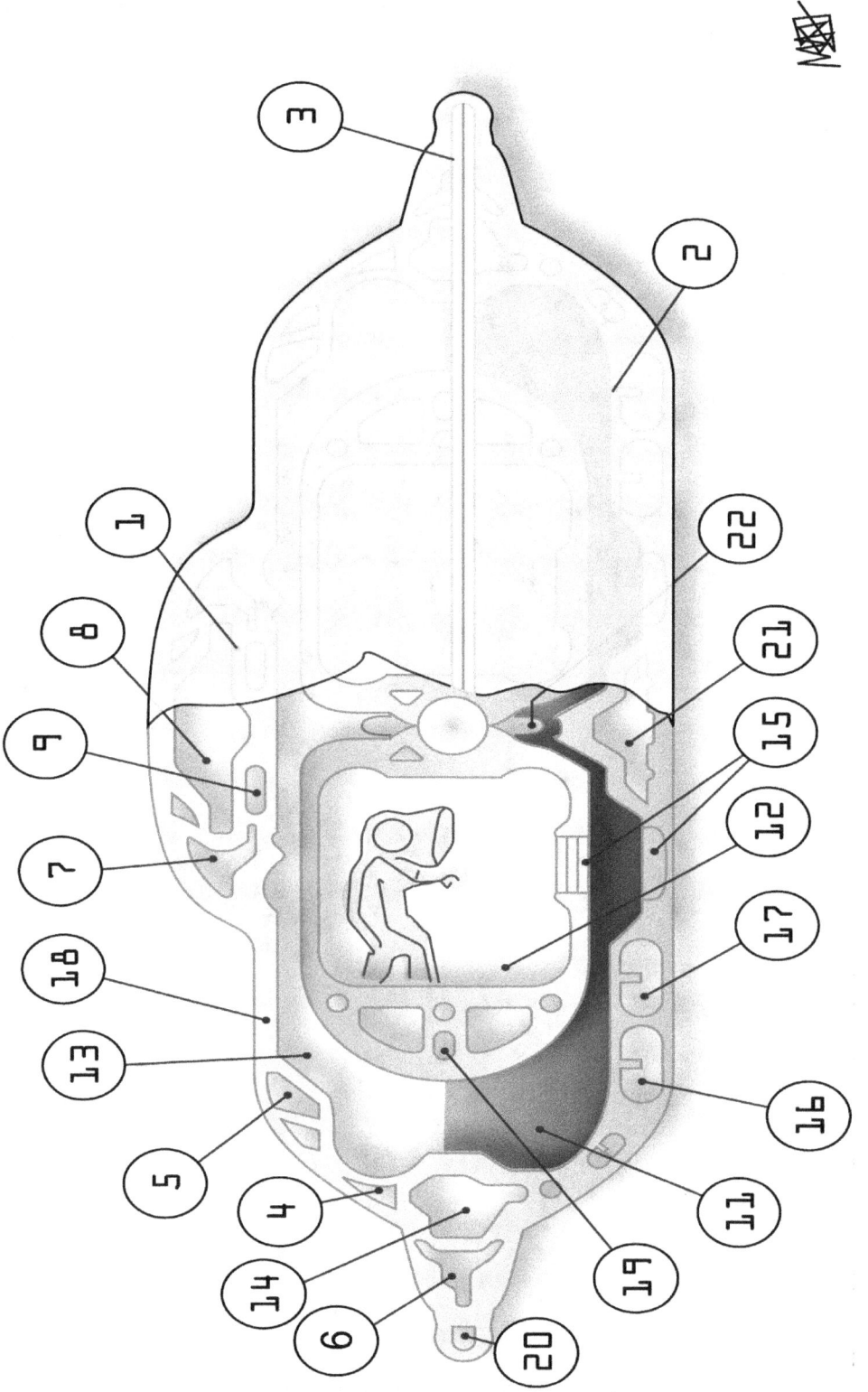

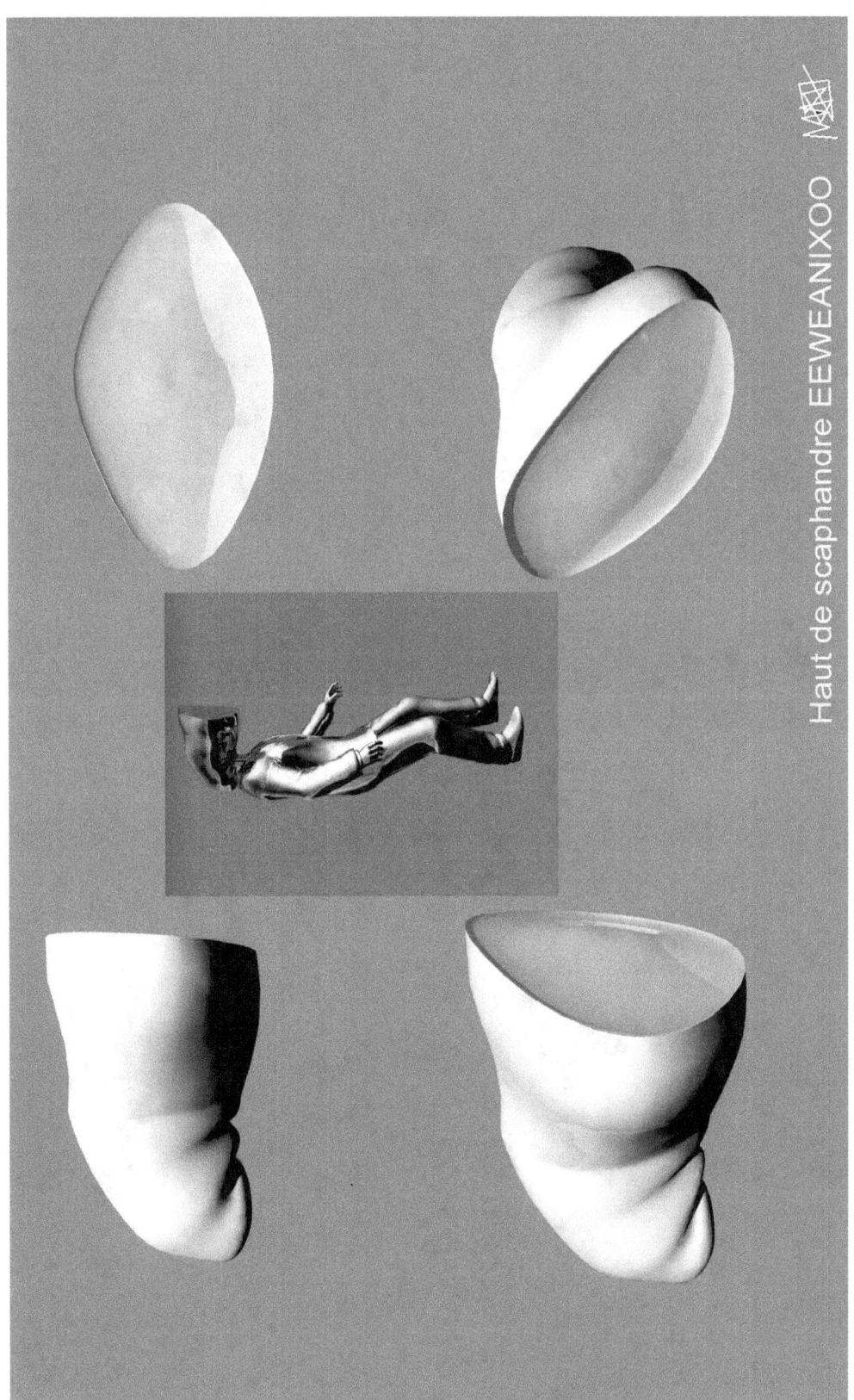

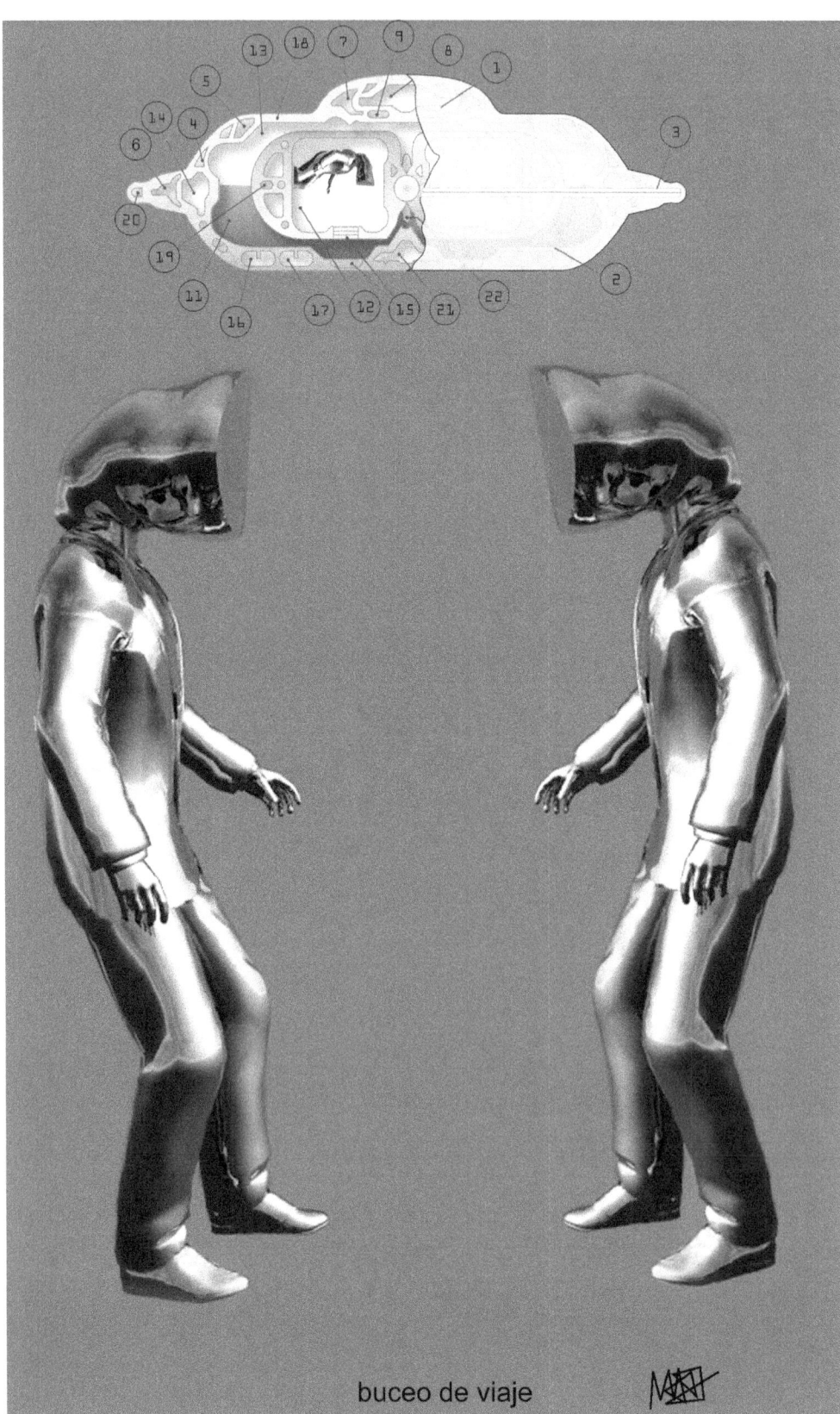

buceo de viaje

5- COMO SE MUEVEN LOS OVNIS

Hay numerosos análisis, los enfoques, los intentos de explicar o incluso pruebas experimentales relacionados con la levitación antigravitacional (*). No vamos a enumerarlos todos, pero hablaremos de lo que nos parece más significativo, abordando esta cuestión sobre la base de las informaciones y de la cosmología Ummitas.

El ovni de Trans-en-Provence (Francia)

La observación del testigo fue la siguiente. Datos recogidos por la GEPAN (Nota Técnica n ° 16) :

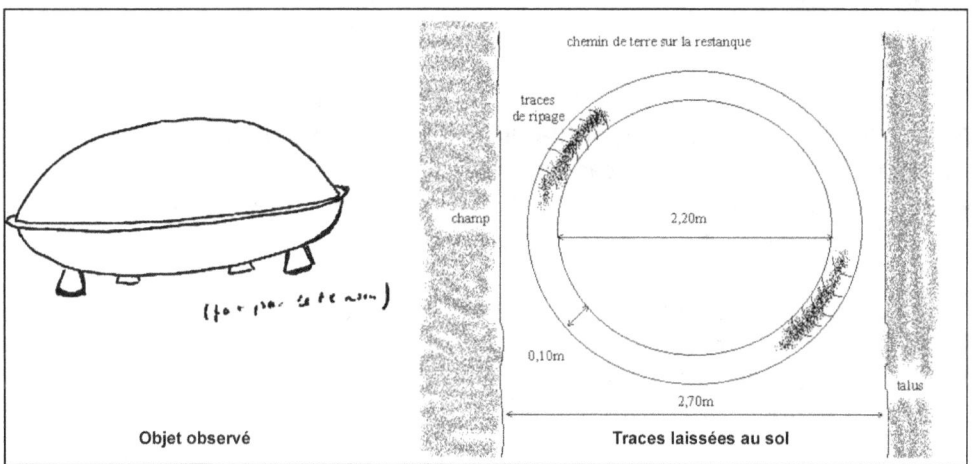

«Preocupado y sorprendido, llegó a casa y habló de su visión a su cónyuge. Escéptico y desconfiado, este último recomienda que evite tomar cualquier otro encuentro de este tipo, al quedarse en casa. A la mañana siguiente,   sin embargo, ambos fueron a ver el lugar donde el señor Colini había visto una tierra de dispositivos sorprendentes. Es entonces cuando se dieron cuenta de las huellas en la tierra, que eran muy visibles y que, estaban convencidos, no estaban allí el día anterior. Teniendo en cuenta la «materialidad» de la observación, consideró que era útil y tranquilizador informar a la gendarmería local (policía militar francesa) de inmediato».

Este caso es interesante porque numerosos laboratorios han estudiado estos restos para analizarlos. El laboratorio de Sneap Boussens reveló la presencia de hierro libre o de hierro óxido. Llegó a la conclusión de que un cuerpo cuya masa era importante raspó el suelo, y dejó un depósito (que muestra un efecto térmico y mecánico).

El laboratorio LAMMA en la Universidad de Metz llegó a la conclusión de que no quedaban residuos de la combustión en estos rastros.

El laboratorio del PLD en Pau identificó fosfato y zinc. Algunas de las huellas en la tierra provenían de un recubrimiento primario (como pintura) por haber sido raspado.

El análisis por Bounias, Médico del Laboratorio de Bioquímica del Instituto Nacional de Investigaciones Agrícolas (centro Avignon-Montfavet) notó importantes modificaciones biológicas que podrían estar relacionadas con la acción de un tipo de campo de energía eléctrica.

Los efectos térmicos, mecánicos, trazas de zinc, fosfato, libre de hierro, óxido, restos de combustión y de un revestimiento primario de modificación, de la lora, las huellas circulares de arrastre, el uso de un potente campo eléctrico o electromagnético.

Toda esta evidencia demuestra que, efectivamente, hubo un dispositivo de tierra aquí, y luego a la izquierda utilizando medios no convencionales. Sin embargo, esto no parece ser el tipo de nave interestelar que hemos mencionado anteriormente. Las fuentes Ummitas nos dan los elementos de información, que parecen confirman esta idea:

«Lo que ustedes denominarían «RECUBRIMIENTO DE LA ESTRUCTURA» es calificado por nosotros con el nombre o fonema intraducible XOODI NAA… Esta «MEMBRANA» posee unas propiedades de resistencia estructural, muy características puesto que gracias al UYOOALADAA puede modificar sus coeficientes de elasticidad y rigidez mecánica dentro de un amplio margen de valores (UYOOALADAA = RED VASCULAR POR CUYOS CONDUCTOS FLUYE UNA ALEACIÓN LICUABLE: Vea IMAGEN)

Estos coeficientes elásticos pueden ser modificados en cada instante en función de los múltiples parámetros dependientes del medio y del desarrollo del vuelo, La XOODI NAA ha de soportar también elevadas temperaturas debido a la elevada fricción a que puede ser sometida en su paso por atmósferas de

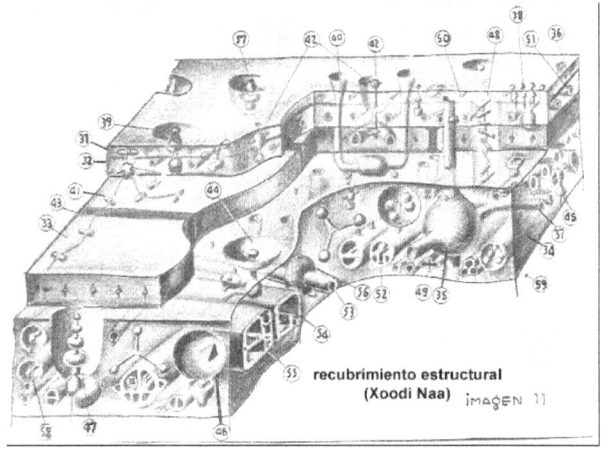

recubrimiento estructural
(Xoodi Naa) IMAGEN 11

distinta composición química y condiciones térmicas variadas. Puede también resistir la abrasión continua del polvo cósmico y los impactos esporádicos de un amplio espectro gravimétrico de MICRO COSMOLITOS (Meteoritos)... Es un recubrimiento poroso de composición cerámica de elevado punto de fusión (7260,64 ° C Terrestres) su poder emisivo externo es también elevado y su conductividad térmica muy baja...» (D69-3).

Esta información muestra claramente que hay una gran diferencia tecnológica entre una UEWA y la nave que aterrizó en Trans-en-Provence. Además de su resistencia y capacidad de elasticidad, la UEWA está cubierta por una capa que se funde a 7260,64 ° C, lo que implica que no se desgastan durante el aterrizaje a baja velocidad, incluso uno precipitado.

Además, las UEWA no utilizan propulsión de combustible, lo cual es otra diferencia con el otro dispositivo. El único punto en común es el uso de un potente campo electromagnético que es probablemente una condición necesaria para cualquier forma de levitación en un gas o un líquido. ¿Podrían el ejército o ingenieros civiles terrestres haber realizado pruebas en un dispositivo no convencional en Trans-en-Provence?

La hipótesis MHD de Auguste Meessen

Un investigador, Auguste Meessen, fue quien formuló la hipótesis de que los OVNIs eran aeronaves que utilizan tecnología magneto hidrodinámica (*) y otro, Jean-Pierre Petit, trabajó en esta idea durante mucho tiempo...

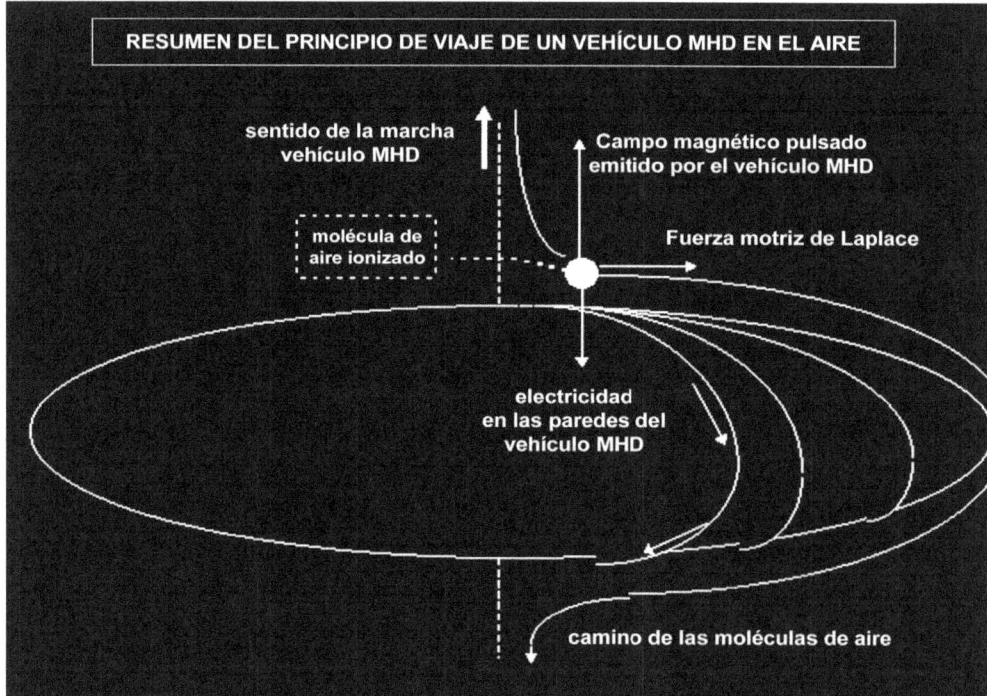

La MHD pone en juego las fuerzas de Laplace, que sólo se puede utilizar en un luido, en un ionizado (*) de gas. Las técnicas MHD, a pesar de que están involucrados en el sistema técnico de las naves Ummitas, no pueden ser utilizadas en el marco general de propulsión interestelar. El sistema MHD puede ser utilizado simplemente para facilitar los viajes en ambientes atmosféricos o líquidos sin turbulencias perjudiciales. El sistema MHD por lo tanto, parece ser un sistema secundario, que también puede ser utilizado como una protección contra las partículas anticolisión en las zonas interestelares.

Los Ummitas lo describen en estos términos:

«Hay otra característica que es fácil de observar: el campo magnético muy intenso, que aparece alrededor del eje de simetría de nuestros buques, (y puede ser también en otras naves espaciales pertenecientes a otros seres extraterrestres). Este campo magnético, que llega a un gran número de Webbers miles por metro cuadrado, no es, como se puede imaginar, un indicio de que nuestro sistema de propulsión es magneto-hidrodinámica (*).» (D 57-3)

La SEG (Searl-Effect-generador) de John Searl

John Searl es un ingeniero británico que inventó un dispositivo capaz de levitar. El sistema de Searl crea entre el centro y la periferia del dispositivo, un diferencial de electrostática considerable. El mecanismo se basa en una serie de anillos sucesivos, que gira en dirección opuesta a una serie de rotores cilíndricos o de rodillos magnetizados. El sistema de anillos y discos entra en resonancia hasta que se alcanza un umbral de velocidad de rotación estable. Por otra parte, estos rodillos poseen una capa de nylon que saca y desplaza la carga electrostática por lo que es saltar de un anillo al otro. Así, en la periferia del dispositivo la diferencia de electrostática es considerable. Searl afirma que un disco puede volar gracias a una diferencia de potencial electrostático que alcanza 1,4 millones de voltios / cm. Esto lleva a las variaciones locales de la estructura de peso y, en general, un enfriamiento del aire circundante, y la formación de « paredes magnéticas « concéntricas arriba. En este umbral diferencial de electrostática, el dispositivo pierde su inercia y la levita como los experimentos que John Searl mostró en 1968. El efecto umbral de 1,4 millones de volts / cm es crucial para entender el proceso de levitación...

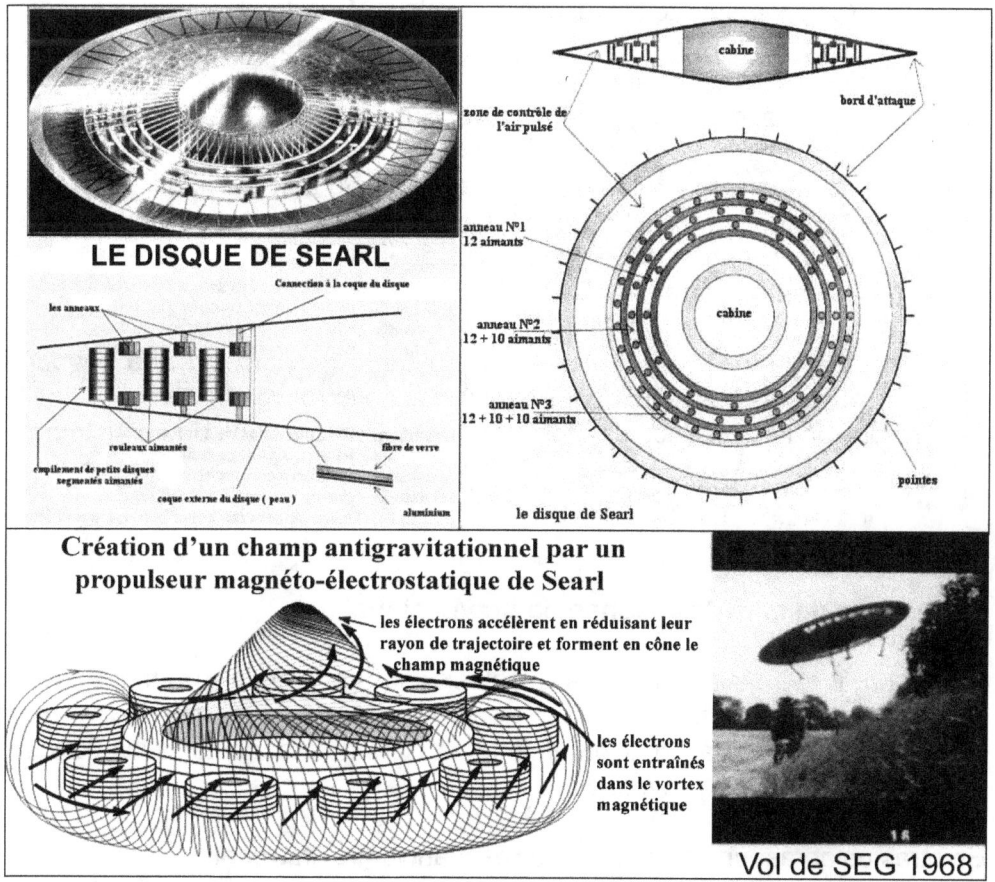

LE DISQUE DE SEARL

le disque de Searl

Création d'un champ antigravitationnel par un propulseur magnéto-électrostatique de Searl

les électrons accélèrent en réduisant leur rayon de trajectoire et forment en cône le champ magnétique

les électrons sont entraînés dans le vortex magnétique

Vol de SEG 1968

Los experimentos en los campos gravito-magnéticos

En la División de locomoción del Espacio, el austriaco Reseach Centros Seiberdorf (ARCS), cree que han generado un campo gravitatorio mediante un superconductor (*) girando. Este sería el mismo efecto misterioso que Evgeny Podkletnov descubrió por casualidad en 1992.

Martin Tajmar, Jefe de esta División, utiliza el efecto Lense-Thirring (o depósitos de efecto de los referenciales), previsto por los físicos austriaco Hans Thirring y Joseph Lense en 1918: las masas en rotación causan el espacio- tiempo que las rodea, creando un campo gravitatorio adicional, lo cual fue confirmado por las mediciones de las trayectorias de los satélites en el año 2004. Por lo tanto, las fuerzas gravitatorias producidas, pueden ser importantes, sin reunir grandes masas.

Además, los experimentos con superconductores de discos indicaron que la rotación de los pares de los electrones de Cooper tienen masas inesperadas, por encima de lo previsto por la mecánica cuántica. ¿La gravitación habría cambiado?

Nuevos experimentos, financiados por la NASA y la ESA, parecen confirmar: un anillo de niobio, de 15 cm de diámetro, se enfría a -264 ° C y gira a 6500 revoluciones / minuto, crea un campo gravito-magnético con la intensidad de un millón de veces más pequeña que el campo gravitatorio de la Tierra.

En la experiencia de Martin Tajmar, el efecto Lense-Thirring obtiene la rotación del anillo superconductor de niobio. A pesar de las velocidades bajas, el campo gravito-magnético produce una anomalía significativa en comparación con el campo correspondiente.

Por otra parte, F. S. Felber ha demostrado que incluso una pequeña masa, convirtiéndose a velocidades relativistas de aproximadamente 2 / 3 de la velocidad de la luz, produce un efecto de propulsión antigravedad en la masa.

Aceptación de la auto-resonancia gravitacional

La idea básica de esta hipótesis se desprende de todas estas indicaciones. En un fuerte campo magnético, que sería para girar una masa a una velocidad suficientemente alta como para afectar a la aparición de combinación de la gravedad.

En otras palabras, un efecto de auto-resonancia gravitacional:

- La masa es un átomo de niobio superconductor,
- La rotación tiene una velocidad relativista radial de aproximadamente 2 / 3 de C,
- La frecuencia de la velocidad radial resuena con la gravitación, En t1: la gravitación es G1

En t2: la gravitación es G1 + G2
En t3: la gravitación es G1 + G2 + G3

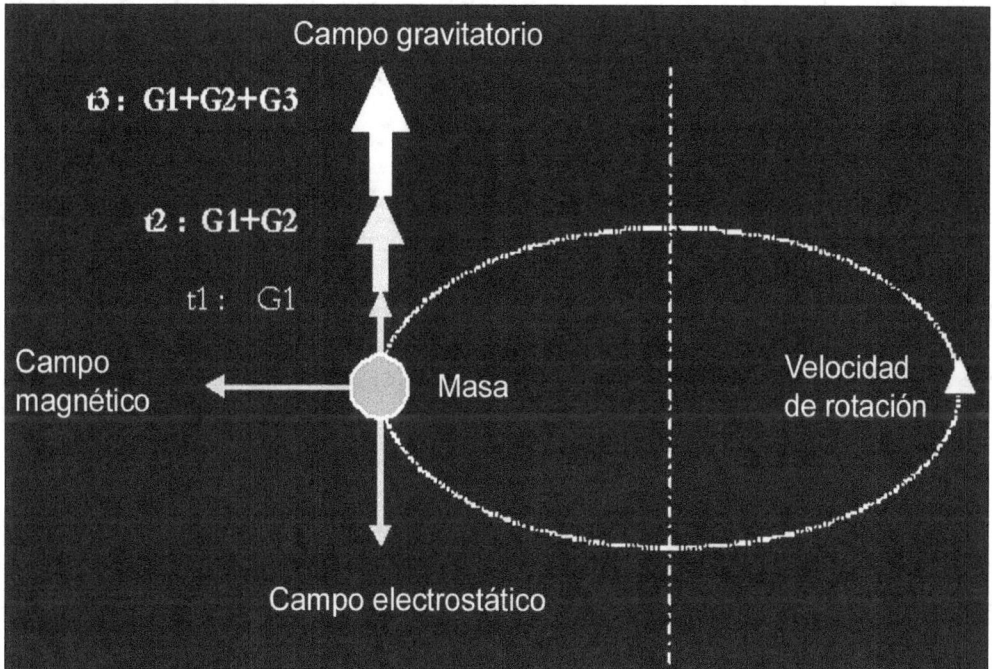

T1, T2, T3 relejan el efecto acumulativo de la gravedad en cada nueva rotación de la masa.

En un momento dado, las condiciones de la masa y la rotación del campo magnético permiten la auto-resonancia de la masa gravitacional en cada pasada. A pesar de los muy bajos efectos iniciales, la auto-resonancia produce un fuerte campo gravitatorio. Esto sigue siendo hasta la fecha para formalizar, cuantificar y experimentar. (Http: / / www.bulletins-electroniques.com/ actualites/33939.htm)

Los efectos Barnett, Jahn-Teller, Lense-Thirring, las pruebas de Martín Tajmar y Jacinto Clovis de Matos muestran que una multiplicidad de fenómenos implican cambios de gravedad. Técnicamente se habla «de los efectos de resonancia en el umbral relativista». Estos físicos proponen vincular el electromagnetismo y la teoría de la gyrogravitation producida por Thierry Mees para hacer la demostración experimental de los cambios gravitacionales.

¿Cómo se mueven las naves de Ummo?

A pesar de grandes dificultades para captar y valorar adecuadamente el significado de los términos en un contexto científico Ummita más allá de nosotros, hemos sido capaces de transcribir una palabra Ummita clave para comprender cómo mueven sus buques. Este medio de transporte parece aplicarse también a cualquier nave interestelar. El término técnico IDUUWII Ayii- como misteriosamente no está especificado, se presenta como un equipo de «propulsión», distribuido en un toroide de la revolución. Este equipo de «pro- pulsión» se encuentra en una cámara de forma anular, incrustado en el DUII (anillo ecuatorial o anillo que rodea la nave). El análisis semántico de este término, nos dan evidencia de la naturaleza de este tipo de «propulsión».

Transcripción de «IDUUWII»
«I» = Identificación (único).
«D» = forma, el aspecto, la manifestación.
«UU» = dinámicas de dependencia (en los campos de fuerza).
«W» = generar, crear, producir.
«II» = límite, la membrana de la frontera
De acuerdo con la codificación de las palabras Ummitas, los conceptos básicos se complementan entre sí de derecha a izquierda. Para intentar definir adecua-damente este término necesitamos una tabla que se atiene estrictamente a esta disposición:

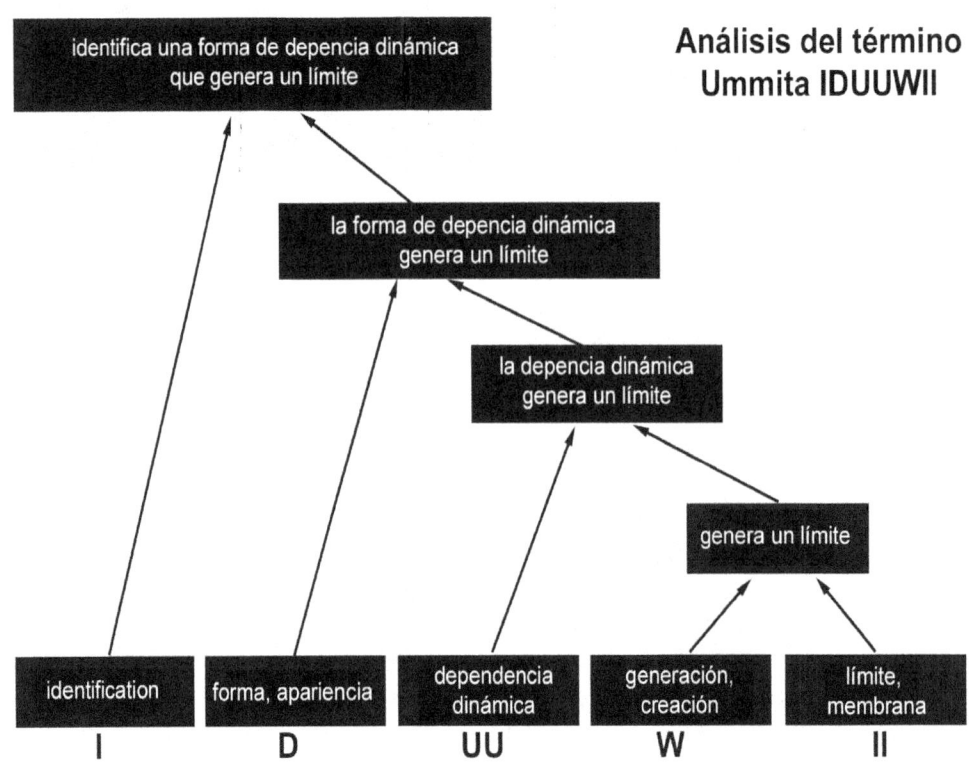

Análisis del término Ummita IDUUWII

identifica una forma de depencia dinámica que genera un límite

la forma de depencia dinámica genera un límite

la depencia dinámica genera un límite

genera un límite

| identification | forma, apariencia | dependencia dinámica | generación, creación | límite, membrana |
| I | D | UU | W | II |

IDUUWII es, literalmente, «la identificación de la aparición de una dependencia dinámica vinculada a la creación de una frontera». Para que este término sea más significativo lo podríamos transcribir en: «Identificación de una fuerza (de atracción / repulsión) que genera un efecto de borde» con la que hay una interacción.

En cuanto al término Ayii se idéntica claramente como un «campo». La tecnología IDUUWII Ayii es un sistema de producción de un campo de fuer- zas dinámicas que pueden levantar o propulsar los buques. Lo perturbarte de este concepto   «exótico» es que no hace referencia a ningún concepto de la combustión del motor, tipo de propulsión de cohetes u otros.

La idea de generadores de campos de fuerza que crean una interacción con el medio ambiente o el cosmos debe ser visto en el contexto cosmológico Ummita que incluye un cosmos y las propiedades de un anti-cosmos invertido. Estos dos cosmos están separados por una capa relé que se llama XOODII. Se trata de una membrana, un límite que puede ser muy distorsio- nado durante el plegamiento del espacio.

Parece lógico que su tecnología sea muy sofisticada y poderosa para lograr modificar localmente la membrana que separa el cosmos del anti- cosmos. Hablamos, en efecto, de una tecnología que crea un campo de fuerza de la membrana llamada XOODII, que reacciona bajo la presión del anti-cos- mos y crea una fuerza de cambio. Esta fuerza, a su vez es el efecto de antigra- vedad para su sustento. Se trata pues de una tecnología que juega en la frontera cosmos / anti-cosmos para moverse o levitar allí. Es como si el OVNI estuviera jugando en una cama elástica con la capa de relevo entre-cósmico.

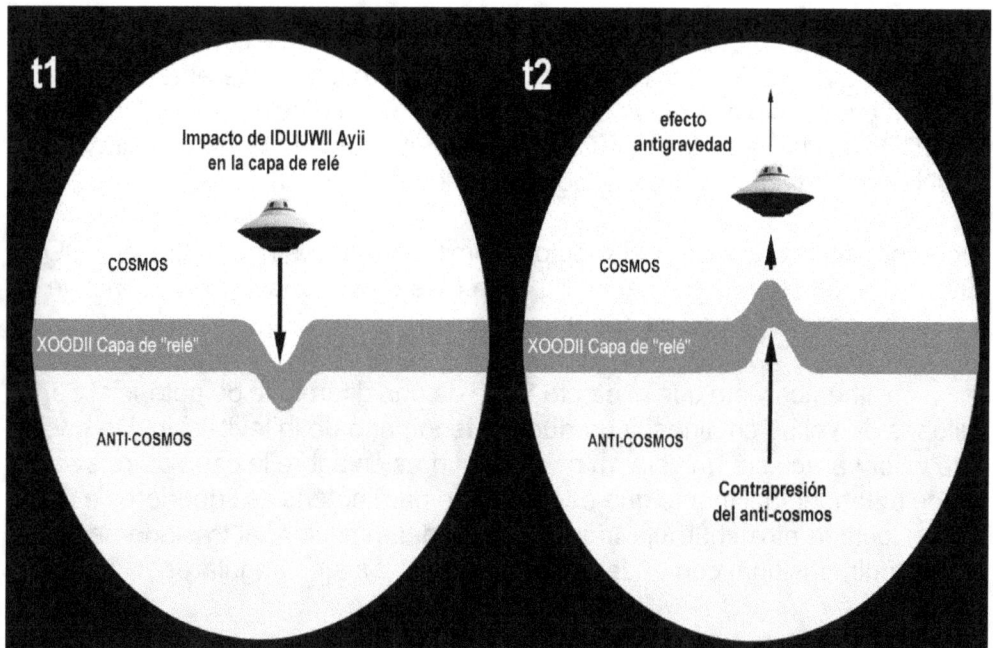

Un ejemplo que permite visualizar el efecto «trampolín» es el de una gota que rebota en la superficie de un lago. En primer lugar, hay que señalar que si se suelta una gota de agua coloreada, rebota formando una esfera perfecta sin que ninguna de sus moléculas se mezcle con la masa de agua, esto es en parte debido a la tensión superficial de los fluidos.

Por otra parte, para que la gota de agua sea perfectamente esférica hacen falta un tesla y una presión de 12 bares. Es una energía considerable respecto al volumen y respecto a la masa de la gota de agua. El efecto gravitacional sobre el XOODII es visible en la superficie del agua que reenvía la energía gravitacional a la gota de agua y también por debajo de la columna de agua.

Tenemos, en micro-escala el efecto retorno del anticosmos sobre el XOODII que crea el efecto antigravitacional. Toda masa, pequeña o grande, influye en la membrana-relé entre cosmos y anticosmos.

Ya hemos visto qué el efecto Searl da una diferencia de potencial de 1,4 millones de volts / cm lineal y produce el fenómeno de la levitación. De hecho, este valor parece ser un valor mínimo de la presión sobre la capa de relevo. Se puede entender fácilmente que es necesario para potencias superiores a crear, a nivel local, a otra «burbuja tridimensional del espacio», al trasladarse a otro marco tridimensional con el desplazamiento de los ejes angulares.

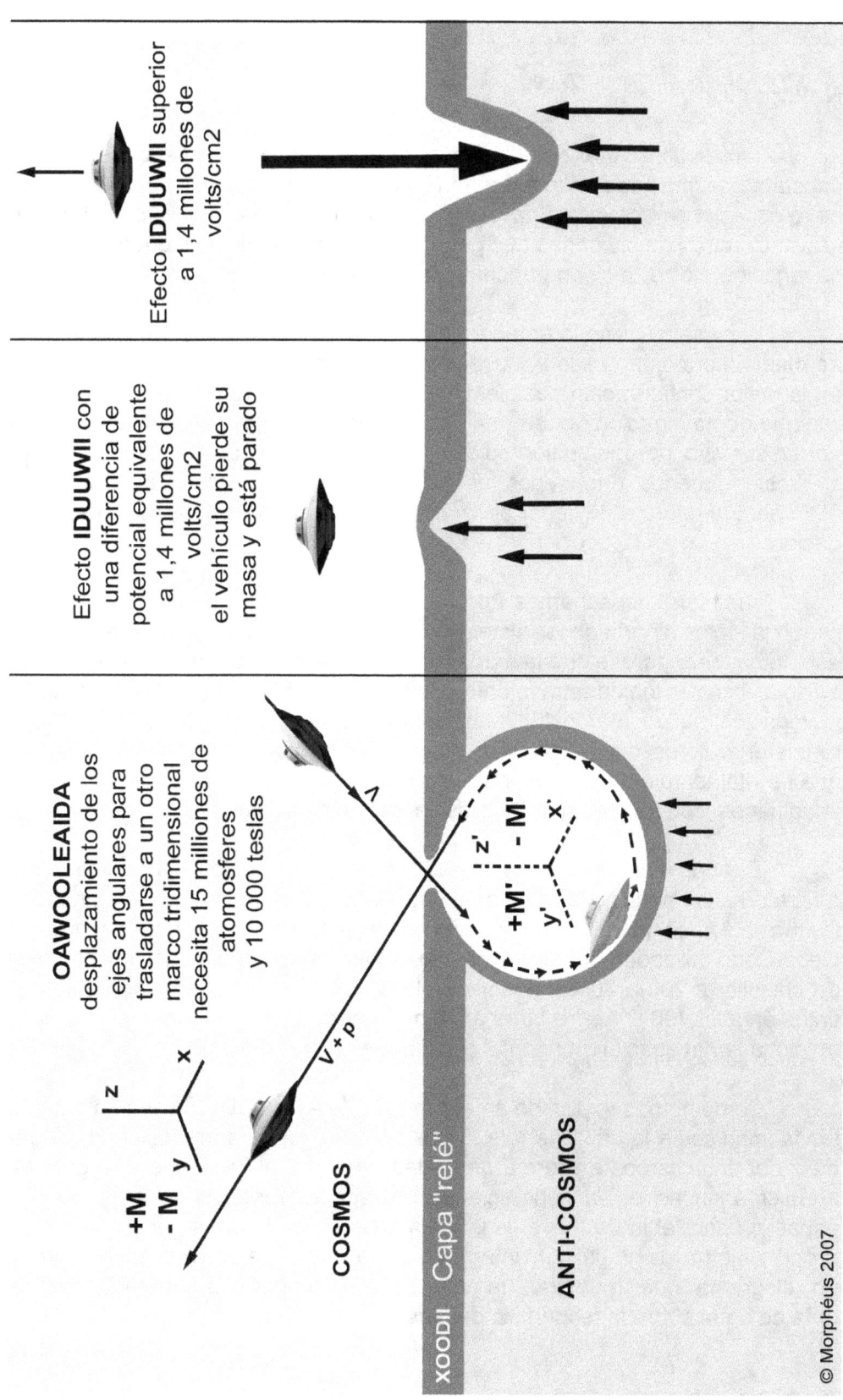

OAWOOLEAIDA
desplazamiento de los
ejes angulares para
trasladarse a un otro
marco tridimensional
necesita 15 millones de
atomosferes
y 10 000 teslas

Efecto **IDUUWII** con
una diferencia de
potencial equivalente
a 1,4 millones de
volts/cm2
el vehículo pierde su
masa y está parado

Efecto **IDUUWII** superior
a 1,4 millones de
volts/cm2

+M
- M

z

x

y

+M'
- M'

z'

x'

y'

V + p

Λ

COSMOS

ANTI-COSMOS

XOODII Capa "relé"

© Morphéus 2007

Navegación

Tiene que quedar claro que esta tecnología funciona mediante el envío constante de impulsos en la membrana XOODII (capa de relé). De hecho, una nave espacial se encuentre navegando literalmente en el gravitacional o anti-gravitacional (*) de las ondas que genera. Estas muy delicadas operaciones de navegación, no se deciden por cualquier persona a bordo.

El pilotaje, como lo entendemos, es imposible, hay equipos en la tabla de medir la gravedad cada nanosegundo, para el posicionamiento de la nave en la mejor configuración posible. Un problema de gravedad detectado por el sistema de navegación genera maniobras que no pueden ser llevadas a cabo por un ser vivo, porque su tiempo de reacción sería demasiado largo. Hay, por supuesto, órdenes dadas por los seres de abordo, para ir de aquí para allá, pero la manera de llegar allí depende enteramente del sistema de navegación.

También sospechamos que los ordenadores de abordo no funcionan según la lógica binaria de los sistemas terrestres. Tenemos, pocos datos sobre este tema, pero parece que la modelización (*) de sus sistemas de inteligencia artificial sigue la lógica tetravalente (*). ¿Por qué? Debido a la logística de navegación en un marco tridimensional contiguo a nuestro espacio-tiempo requieren valores que no existen en nuestro propio espacio-tiempo. Parece que es vital, para estas naves, para poder maniobrar en espacios con datos imaginarios con respecto a la clásica del espacio-tiempo.

Es por eso que necesitamos un sistema lógico más elaborado, adaptado a las necesidades de este tipo de navegación. Hemos imaginado la levitación estacionaria, la locomoción vertical, la transferencia híperespacial (*) y el método utilizado para abrir localmente otro marco tridimensional con el in de aniquilar a 200 a 300 g, y moverse hacia atrás en otra dirección bajo distintos ángulos (90 °, 45 ° u otros ángulos). Ahora, tenemos que explicar cómo funciona la navegación horizontal o inclinada.

Como hemos explicado anteriormente, la Ayii IDUUWII constantemente envía impulsos a la capa de relé. Estos impulsos generan reacciones contrarias del anti-cosmos en forma de ondas de seno, al igual que una gota de agua crea ondas en la superficie de un lago. En pocas palabras, la nave espacial, con el in de moverse lateralmente, usará la onda generada por su propio sistema de impulsión integrado. Para ilustrar esto, hemos elaborado un diagrama que muestra una nave espacial en la onda generada por una gota de agua sobre la superficie del agua.

En este caso, la nave ha enviado un impulso a la membrana que separa cosmos y anti-cosmos-y navega sobre la ola de esta manera. Para la locomoción horizontal, tendrá que impulsar el mismo poder para crear una onda idéntica y mantenerse en él. Por lo tanto, se desplaza horizontalmente sobre una onda antigravitacional portadora (*). Para desplazarse hacia abajo, sólo tiene que dejar que esta onda se vuelva más débil. Por el contrario, si se desea tener una trayectoria inclinada hacia arriba o para acentuar el efecto antigravitacional (*), tendrá que aumentar progresivamente la potencia de impulso en la capa de relé aumentando al mismo tiempo como onda portadora.

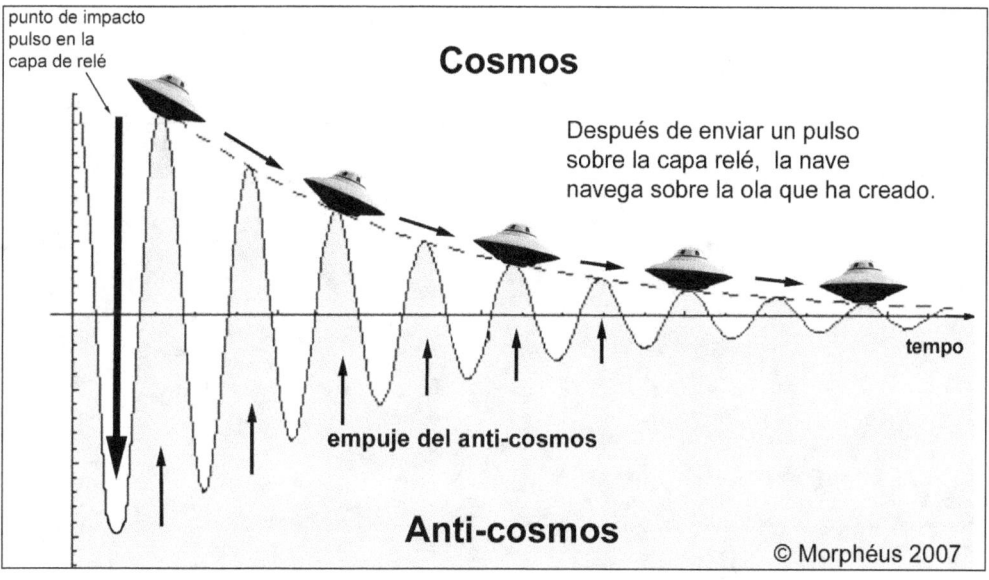

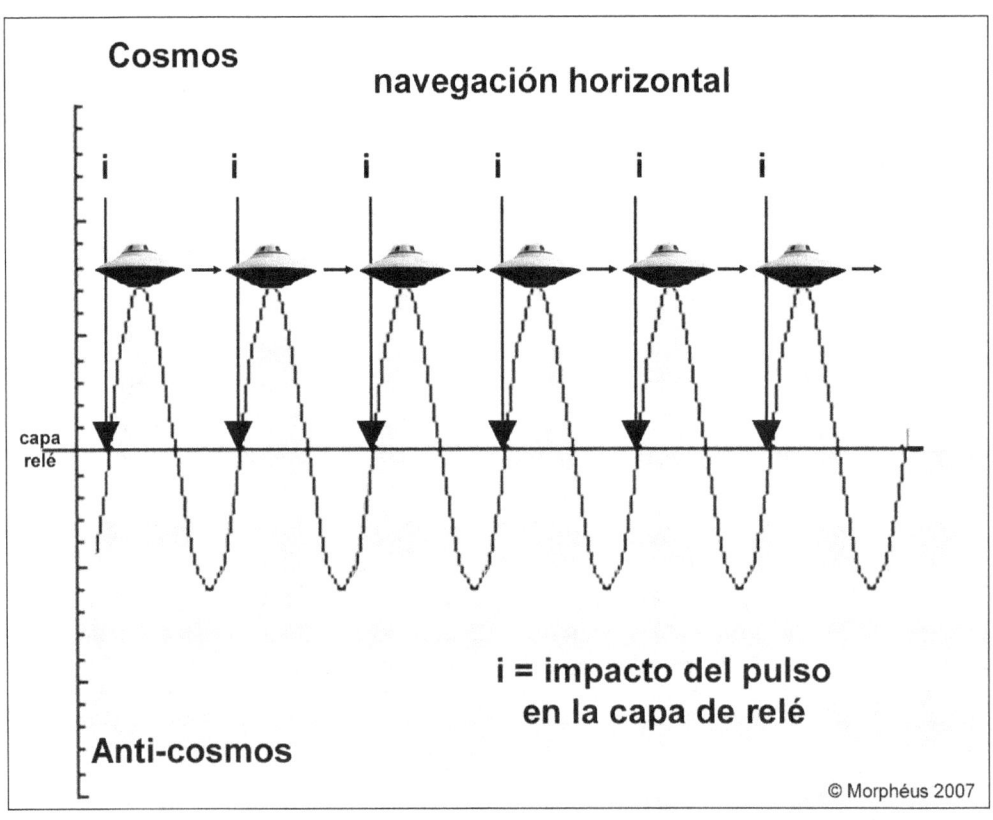

Cosmos

navegación horizontal

i   i   i   i   i   i

capa
relé

i = impacto del pulso
en la capa de relé

Anti-cosmos

© Morphéus 2007

Hipótesis acerca de los viajes interestelares

Los textos Ummitas mencionan en muchos casos, los pliegues en el espacio. Ellos argumentan que los viajes interestelares son posibles sólo en fuertes pliegues cósmicos. Uno puede imaginar otro modo de transporte como el desplazamiento de los ejes angulares.

Parece que el salto de una cresta a otra es un modo posible de los viajes interestelares. Lo hemos imaginado a continuación. La aproximación de la XOODII capa relé por el cambio de estado puede generar un efecto de túnel y propulsar la nave a una velocidad cercana a la luz en un otro marco tridimensional.

Sería catapultado en los pliegues de pliegues. El siguiente diagrama muestra una carrera de la nave, de 6 a 12 veces menor que la distancia que viaja la luz. Y una distancia de 11 años luz podría reducirse a 11 meses. Uno puede imaginar que nueve meses serían suficientes para viajar de la Tierra a UMMO. Los textos Ummitas dicen que nueve meses, es el tiempo de viaje en una configuración cósmica óptima.

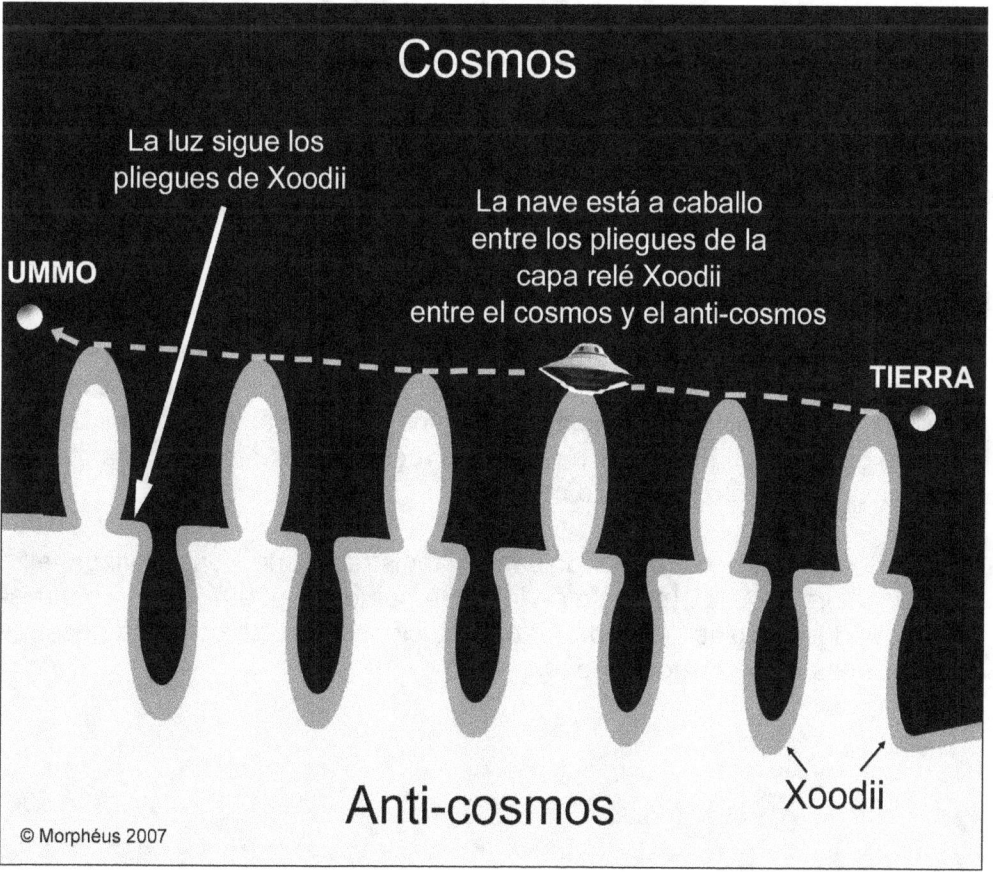

Los términos del cambio de ejes dimensionales

En repetidas ocasiones hemos hablado de los cambios de ejes dimensionales. Sobre el efecto Searl, el poderoso diferencial electrostático actúa sobre la capa de electrones de los átomos. En un cierto nivel de energía, los electrones son expulsados, emitiendo fotones.

A veces es una causa de la luminiscencia de los ovnis. ¿Cuál es el vínculo con los cambios de ejes dimensionales? Parece que cuando, en los niveles de energía muy alta, una masa crítica de átomos se ve afectada por este fenómeno, el dispositivo desaparece, haciendo un cambio de ejes dimensionales. Es un cambio total de los ejes dimensionales se describe en los textos Ummitas, mientras que el efecto Searl es un cambio parcial de los ejes dimensionales. La SEG Searl no permite este tipo de cambio de ejes dimensionales total.

El cambio total de los ejes dimensionales requiere una tecnología muy sofisticada y perfecta. Por otra parte, debe estar asociada a campos magnéticos muy potentes para mantener la unión de la nave. Los Ummitas hablan en estos términos:

«Esto requiere un valor de presión crítica mayor de quince millones de atmósferas en sincronismo con un intenso campo magnético (OXAAIUYU), que causa una frontera (LEEIIYO) especial (OAWOOLEAIDA) inversión total de ejes dimensionales (IBOZOO UU).» Afirman que el cambio IBOZOO UU eje a 90 ° bajo estas condiciones.

Dos patentes que explican el efecto antigravitacional (*)

Aunque con Searl tenemos unos pocos ingredientes que nos permiten llegar más cerca del efecto antigravitacional (*), dar una explicación científica de ello es muy difícil. Hay, por lo que sabemos, dos patentes que explican claramente este efecto. Estas dos patentes se registran nada más y nada menos, para construir aparatos de vuelo cósmico.

La primera patente es estadounidense, registrada por Boris Volfson el 1 de noviembre de 2005 (patente de los USA número 6,960975 B1). Se muestra un modelo de platillo volador antigravitacional (*). Esto confirma nuestras explicaciones sobre el efecto Searl.

United States Patent US 6,960,975 B1 : Boris Volfson

SPACE VEHICLE PROPELLED BY THE PRESSURE OF INFLATIONNARY VACUUM STATE

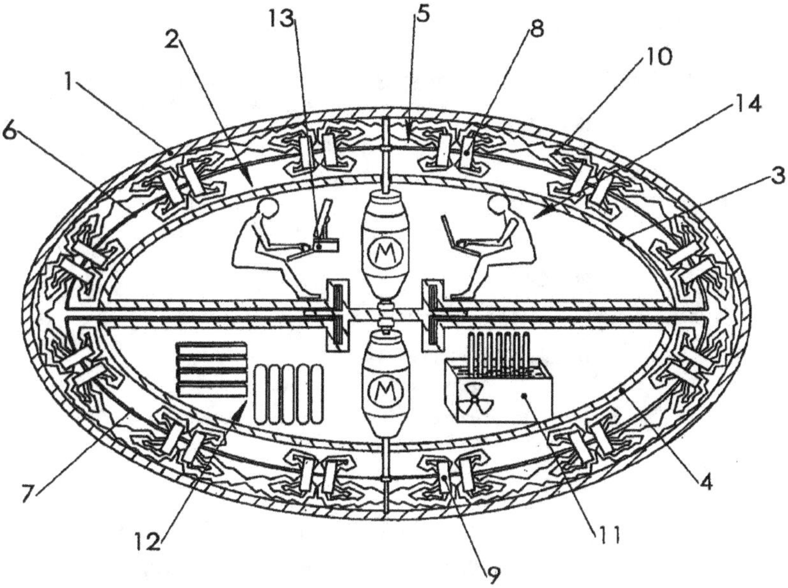

FIG 1

Vaisseau spatial de
Boris Volfson

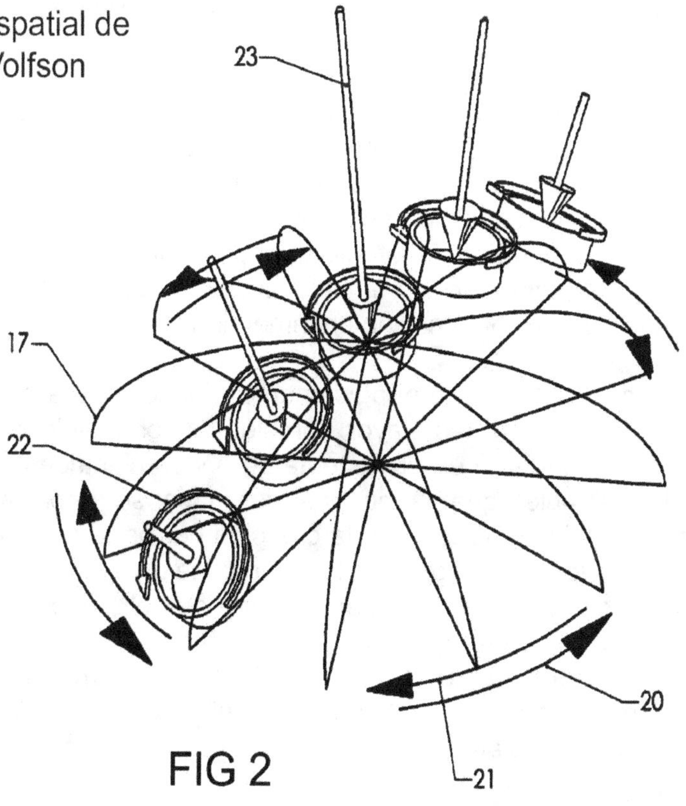

FIG 2

Sin embargo, tenemos una segunda patente, una francesa, presentada el 05 de enero 1960 por Marcel-Jean-Joseph PAGES, con una nave para los vuelos espaciales. Reproducimos a continuación la patente No. 1.253.902 de cabecera. Mucho antes de Volfson y Searl, el principio del efecto antigravedad fue claramente expresado por PAGES.
Habla en estos términos:

«La presente invención utiliza el resultado de estudios teóricos y experimentales y las observaciones que llevaron a los científicos a encontrar una pérdida de masa teórica en todos los sistemas del condensador de tipo y, sobre todo en los sistemas de rotación, el tipo de protón-electrón incluyendo un lujo de uno o más electrones que describe una trayectoria cerrada alrededor de un núcleo con carga positiva. La pérdida de masa puede teóricamente explicarse por varias hipótesis. Es probable que el espacio de aire primero esté formado por un medio ambiente de partículas de materia o fotones. La creación de un campo vibratorio o un campo electromagnético en un espacio determina la expulsión del espacio de los fotones que se traduciría en un vacío fotónico. Este vacío fotónico o el vacío absoluto, sobre un espacio de Arquímedes determinarían un empuje similar al que se encontraría con el vacío o el aire en un recinto cerrado en inmersión.

El vacío de los fotones es lógicamente mucho más alto que el poder de la energía de vibración, es mayor. También es concebible, en el supuesto de que el universo inmerso en un sistema de ondas eléctricas o magnéticas, más o menos estable, que la pérdida de masa se deba a la creación de una energía del vacío, es decir, la creación por parte del sistema protón-electrón, de una fuerza electromagnética que tiene una dirección opuesta a la atracción de masa conocida. Esto daría lugar a que el aumento de la energía potencial de un sistema protón-electrón, aumentando la velocidad de los electrones, reduciría la masa aparente de este último como resultado de la atracción de masa entre los sistemas moleculares formados por átomos de velocidad electrónica estable.

Sea cual sea la explicación teórica del fenómeno observado en la desgravitación de los sistemas electrones protones , parece que la intensidad de este efecto es aún una desgravitación superior a la energía del electrón, es decir, la velocidad de la que es más alta. Para más información, la velocidad del electrón en el hidrógeno o protium es de 2000 km / s, y la pérdida de masa de la misma constitución de neutrones y la masa 1,00893 es 0,00083.

Se ha calculado que para el átomo de desgravitación protium, sería suficiente dar a sus electrones una velocidad de 70 a 75 000 km / s, manteniendo su órbita por un campo magnético auxiliar.

La presente invención utiliza el fenómeno de desgravitación para la realización de un vehículo en movimiento. La nave, de acuerdo con la invención, consiste esencialmente en un núcleo central formado por una esfera hueca que puede recibir, en su periferia, una carga eléctrica positiva, para un grávido ecuatorial que, a lo menos, parcialmente rodea dicho núcleo central. Este grávido ecuatorial se somete al vacío. Está hecho de un material aislante, y tiene un lujo de electrones a la velocidad preluminosa generada en dicha cámara. El lujo describe una órbita circular alrededor del núcleo central. El lujo de electrones que se mueve en una atmósfera de vacío y no está sujeto a la fricción. Es un poder de conducción eléctrica muy importante. Se mantiene indefinidamente en el tiempo.

Se entiende que la trayectoria del lujo de electrones mantiene su forma original circular por la atracción de los electrones en el núcleo con una carga positiva, esta atracción se ve compensada por la fuerza centrífuga de la masa de los electrones. El efecto del apoyo se da al dispositivo de Arquímedes presionando para que se derive al vacío de fotones, o a la energía del vacío, dependiendo de si se acepta uno u otro de los supuestos anteriores.

El lujo de electrones se puede generar dentro de la caja mediante la presentación de electrones Ecuatoriales, extraídos del núcleo central, a través de un filamento de tungsteno calentado por la luz de las baterías dispuestas a lo largo del ecuador de la esfera central en un campo electromagnético rotatorio cuya velocidad se estabiliza en un radio correspondiente a la vía elegida por el radio del electrón a menos de 5 metros y, preferentemente, a unos diez metros, a una velocidad sustancialmente igual a la luz en el campo gravitatorio de la Tierra . Cuando los electrones han alcanzado la velocidad deseada con la desgravitación correspondiente, el campo electromagnético de rotación puede ser eliminado. Esta última posibilidad permitiría cargar la máquina con instalaciones fijas al suelo, que alcanzan los poderes de la orden de los que se ponen en juego.» A continuación se presentan dos tablas hechas por Pagès. Este prototipo ha sido implementado y probado con éxito en los años 60. ¿Es este el ovni Trans-en-Provence? La totalidad de esta patente está disponible en *www.denocla.com* y *www.morpheus.fr*.

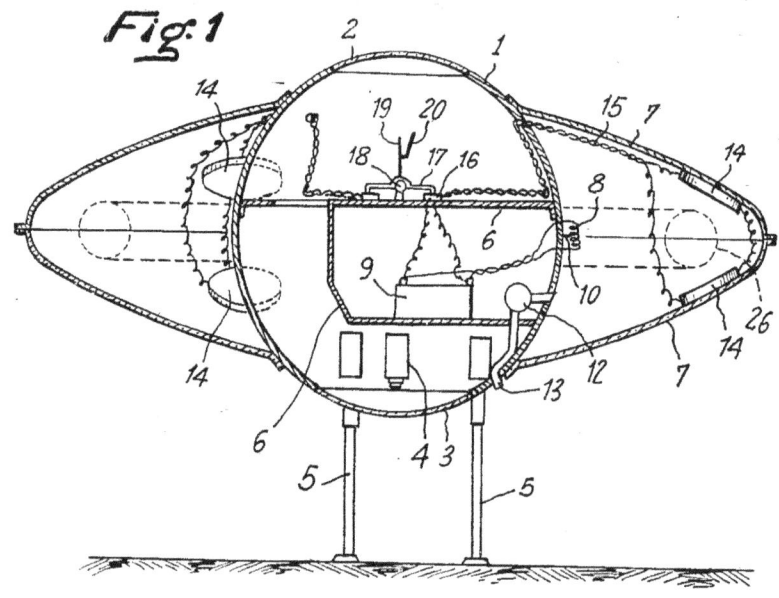

Fig. 1

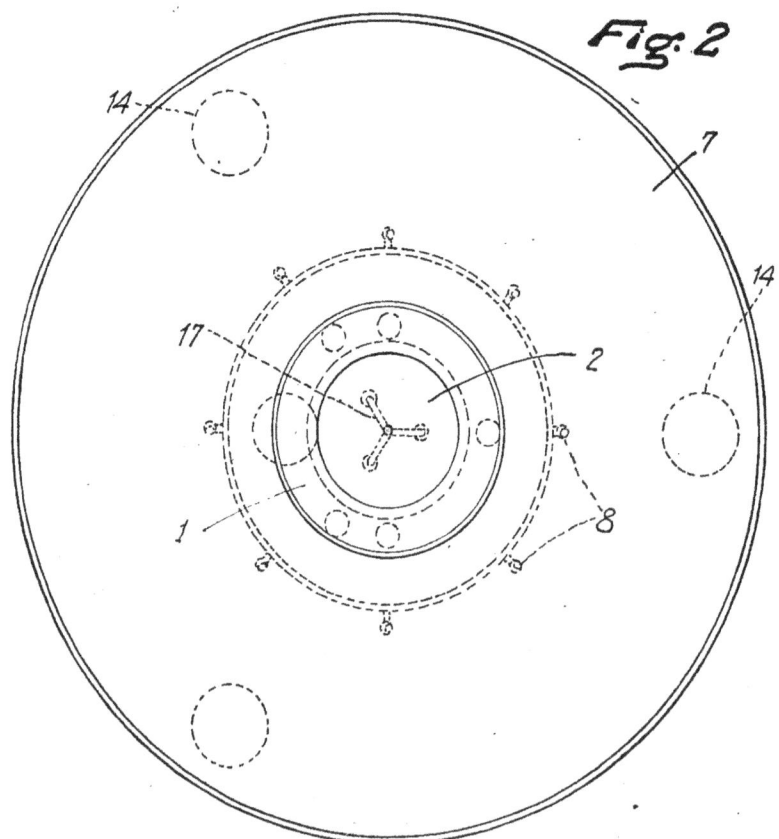

Fig. 2

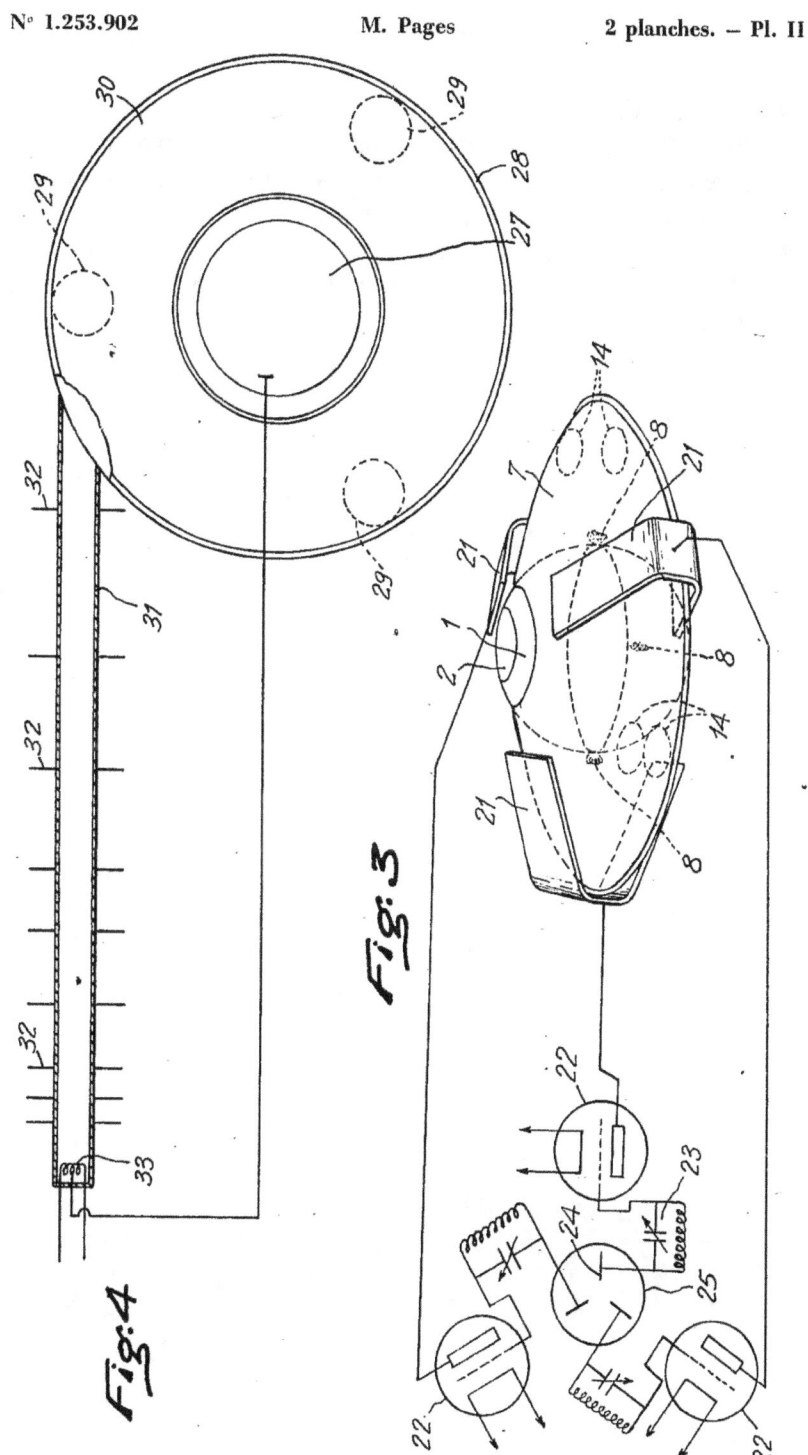

Fig. 3

Fig. 4

En resumen, hay datos científicos de hecho y prototipos funcionales experimentales terrestres, probando que los efectos antigravitacionales (*) son posibles. Esto es útil para obtener una comprensión más profunda de la literatura Ummita. Incluso si estos prototipos terrestres no tienen la capacidad de someterse a la transferencia de hiperespacio (*), que aún representan un gran salto conceptual, nos trae un poco más cerca de las exocivilizationes, sus tecnologías y su cosmología.

6- DESCIFRANDO EL IDIOMA UMMITA

Las palabras Ummitas

Desde 1966, la exocivilización de Ummo se ha difundido por todo el planeta, cerca de 1.500 páginas de documentos que contienen unas 7.500 palabras de Ummo.

Estas palabras se han traducido aproximadamente por sus autores. Los intentos de descifrar la estructura de estas palabras sin embargo no tuvieron éxito. La primera visión que nos permite entender el lenguaje de Ummo se logró en 2002 por J. Pollion que hizo conexiones con la obra de Bertrand Russell acerca de la lógica y la semántica.

Entre 2003 y 2005, el desciframiento (*) del primer lenguaje extra-terrestre en caracteres latinos se llevó a cabo por Denis Roger Denocla. Se ha demostrado que las estructuras de las palabras de Ummo son una combinación de 17 fenómenos funcionales básicos. Estos son los elementos con que se construye todo el lenguaje de Ummo. Que puede ser descifrado sin embargo, siguiendo una regla jerárquica de imbricación. El conjunto de este trabajo de investigación se puede consultar (en francés) en http://www.denocla.com. Popularizados libros sobre este tema serán publicados.

En resumen, las «palabras» de Ummo se construyen de acuerdo a las combinaciones de fonemas funcionales (*). Sin embargo, la mayoría de nuestras palabras son convenciones - por ejemplo la palabra «silla» no significa nada, es a través de convenciones que sabemos lo que esta palabra designa. Esto no es el caso en el lenguaje de Ummo, en todas las disciplinas están sometidas al imperio de la combinación de los fonemas funcionales básicos (*). Así, la palabra «silla», en la mentalidad de Ummo, se podría transcribir de acuerdo con su funcionalidad, algo como: «la bandeja cuadrada para poder poner el trasero de los homínidos».

Para descifrar este lenguaje, se debe comenzar por la derecha de la palabra y asociar a los dos primeros fonemas (*). Estos dos fonemas asociados (*) forman un primer nivel a descifrar (*) que asociamos con el tercera fonema (*) para formar una segunda etapa y así sucesivamente... Desde el punto de vista semántico, descifrar (*) es a primera vista, bastante desconcertante. Para dar un ejemplo de su punto de vista, una rueda no es «un objeto circular», sino algo «cuya funcionalidad es la rotación»

(D32): «En el planeta UMMO, se utiliza el fonema (*) XI o SI (es difícil encontrar las letras correspondientes) que significa 'ciclo, rotación o revolución'.
Que tiene un doble significado. En otras palabras, nos estamos refiriendo a lo que llaman un homófono. Con la palabra «XI» o «CSI» se expresan tanto la rotación de UMMO en su eje (un día), así como por ejemplo la rotación de la rueda en su eje».

Descifrando el lenguaje de Ummo

Existe una convención para la elección de la sintaxis Ummita y su des- composición en fonemas (de la que no hablaremos aquí). Sólo queremos hacer una primera aproximación a la decodificación.

La decodificación de D. R. Denocla utiliza la sintaxis española para transcribir el lenguaje Ummita fonético, en conceptos fonéticos básicos o «primarios». Por ejemplo, para la descomposición de la XI (rueda) en conceptos fonéticos primarios se hace lo siguiente:

El X = GS por el método de Denocla. XI da así GSI. Se necesita en la tabla, el significado de estas tres letras (o fonemas primarios).
G = Estructura
S = Cíclico
I= Identificación

Literalmente hemos transcrito el término por *«estructura con cíclicidad identificada»*.

Para transcribir esta lengua, siempre hay que tener en cuenta la cosmología Ummita, algo que no es fácil. Por ejemplo, «O» se entiende como «entidad» en el significado Ummita de la palabra décadimensional. Esta entidad no es necesariamente perceptible a nuestros sentidos. El IBODSOO es esté tipo de entidad. «OO» por contra, se traduce como «existente», es decir que muestra las dimensiones, un volumen de material, perceptible a nuestros sentidos. He aquí algunos ejemplos para tratar de ilustrar al lector cómo acercar la transcripción de este «lenguaje» al menos muy «exótico». También parece ser una especie de «metalenguaje», mediador entre lo humano y lo Ummita para hacer posible una comunicación rápida.

Los valores fonéticos de los conceptos principales determinados por D. R. Denocla se presentan en las tablas siguientes. Los conceptos principales son significativos en la fonética española. Por ejemplo, UEWA (nave) se tiene en cuenta del idioma de la carta (español, francés, ingles, …) para la decodificación. Por eso, hay varias sintaxis de los términos Ummitas.

Era necesario tomar la decisión correcta de acuerdo a la tabla de conceptos primaria y encontrar un método de decodificación que se adapte a este «lenguaje».

Concepto primaria o fonema básico	concepto funcional general	Algunas aplicaciones del concepto siguiendo la terminología española	notas
A fonética ESP: « a »	movimiento	a) el desplazamiento b) el movimiento c) computable: valor de desplazamiento d) proceso	cosmología (desplazamientos angulares, los desplazamientos por la resonancia, etc ...)
AA fonética ESP: « a » largo	dinámica	a) la dinámica b) el desplazamiento dinámico	D69: AYUBAA es equivalente a «la red» o «estructura» con nudos que tienen vínculos dinámicos.
B fonética ESP: « b »	interconexión	a) la interconexión b) el nudo de la red	D81: entre dos Iboo (2 nudos o centros) La interconexión se materializó por un punto de intersección euclidiana o material
D fonética ESP: « d »	forma	a) la forma b) el aspecto c) la manifestación	
E fonética ESP: « e »	concepto	a) un concepto b) no dimensional representación mental (conjunto de imágenes relacionadas con el mental) c) una percepción d) una idea	
EE fonética ESP: « e » largo	patrón	a) el patrón b) el modelo	
G fonética ESP: « gue » largo	estructura	a) la organización b) una estructura organizada	
I fonética ESP: « i » largo	identificación	a) la identificación b) el carácter singular, unico	NB: La singularidad de la identificación es implícita, de lo contrario no existe una identificación!
II fonética ESP: « i » largo	límite	a) un límite b) la delimitación c) la frontera d) una membrana	(I) la identificación «tiene» (I) la identificación. La identificación de un lado tendrá una identificación en el otro lado

Concepto primaria o fonema básico	concepto funcional general	Algunas aplicaciones del concepto siguiendo la terminología española	notas
K fonética ESP: « k »	distancia	a) la distancia física en el cosmos 3D b) la distancia abstracta	Ejemplo de la existencia abstracta: "Distancia cultural"
L fonética ESP: « l »	cambio	a) cambio de estado	
M fonética ESP: « m »	conjunto	a) conjunta b) la suma c) Además d) coyuntura	La sintaxis de "M" y "MM" puede ser fonéticamente distintas y sintácticamente significativas:
MM fonética ESP: « m »	inseparable	a) inseparable conjunta b) la suma	OEMMI pronunciado "OEM" - "mi" (Tales como "um" - "mo") OEMII y que se pronuncia "oemi"
N fonética ESP: « n »	flujo	a) el flujo b) la transferencia	
O fonética ESP: « o »	entidad	a) entidad dimensional en la cosmologia Ummita	D41: se aplica a lo que tiene dimensiones (con características de tiempo y el espacio)
OO fonética ESP: « o »	existencia	a) la materia	(O) entidad tiene (O) entidad La entidad tiene una entidad, existencia perceptible para nuestros sentidos
R fonética ESP: « r.»	Sobreaposición	a) sobre la aposición b) la superposición	
S fonética ESP: « s »	ciclicidad	a) un ciclo b) la recurrencia c) la serie	

Concepto primaria o fonema básico	concepto funcional general	Algunas aplicaciones del concepto siguiendo la terminología española	notas
I fonética ESP < I >	Dirección orientada	a) dirección orientado b) la orientación	
U fonética ESP > u <	Dependencia concreta o abstracta a través de un enlace aislado	a) una dependencia b) la influencia c) las condiciones de dependencia	relacion inyectiva
UU fonética ESP > u < largo	Dependencia concreta o abstracta a través de un vínculo dinámico	a) la dependencia dinámica b) la dependencia mutual	(U) dependencia (U) dependencia = Dependencia dependencia = Dependencia dinámica (Para los campos la fuerza una relación padre-hija. la dependencia a los alimentos, etc.) U/U ejemplo: "tiron"
W fonética ESP < w >	Generación	a) una generación b) generar c) el surgimiento d) crear e) producir	
Y fonética ESP < y >	Espacialidad	a) una espacialidad b) la especialización c) la topología d) el espacio	Programación del espacio superficies, volúmenes

Decodificación de las palabras Ummitas

UEWA (nave)
Se refiere al concepto de «vehículo». Sin embargo, hay siete diferentes ortografías para este término:

• FRA OUEWA
• ESP UEUA
• Italia UEUAA
• ESP UEWA
• ESP UEWAA
• ESP UEWUA
• ESP OMWEA

La decodificación se realiza con UEWA, de acuerdo con el método de la tabla de abajo. UEWA por lo tanto, dar lugar a (U) = longitud (E) = concepto, (W) = generación (A) = ir. En otras palabras, esto es lo que «depende de un concepto de generación de movimiento». Más inteligible, que es lo que está apegado a algo para el viaje. Aquí estamos hablando sobre el concepto de un vehículo, entre otros, es el término utilizado para «la nave».

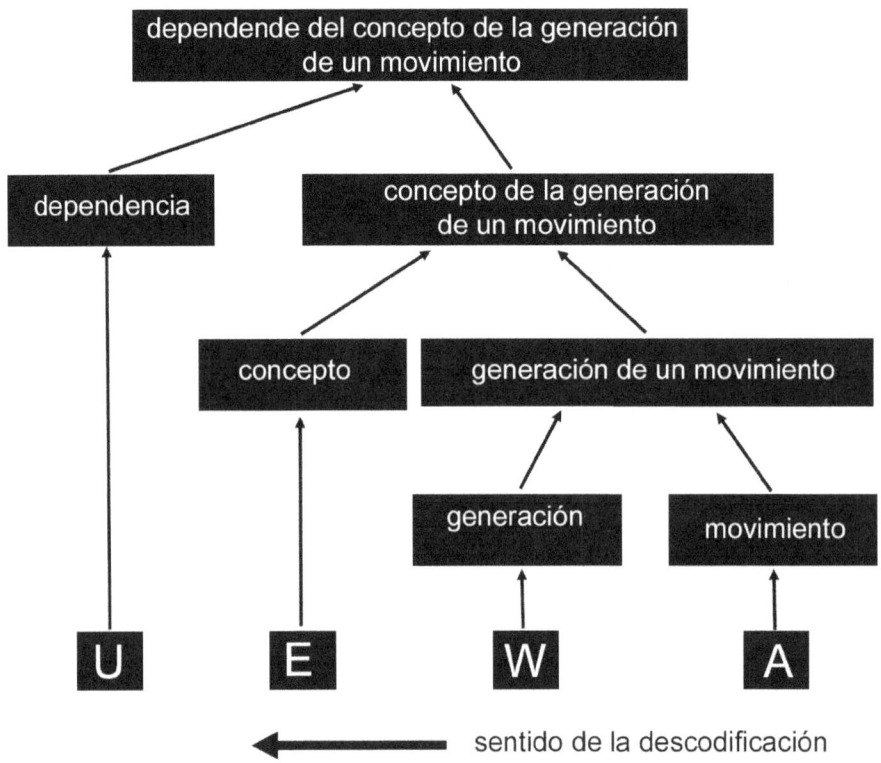

EEWEANIXOO (ropa de buceo)

El término EEWE expresa un concepto de «ropa». En la cultura Ummita la prenda codiciada, revela la actividad profesional del portador. EEWE se decodifica como sigue: (EE) = modelo (W) = generación (E) = concepto que se traduce en francés como «el modelo genera un concepto». En el contexto cultural Ummita esto significa: «la codificación de modelo que especifica el tipo de actividad o la función socio-ocupacional».

«El EEWEANIXOO es lo que ustedes llamarían una «ropa de buceo» (para las fases de aceleración de los viajes interestelares)» (D69-1).

La decodificación de la sintaxis ANIXOO (X = GS por lo que utiliza la sintaxis ANIGSOO), literalmente, le da: «El movimiento del lujo idéntica una estructura física cíclica.» La ropa de buceo se utiliza durante la primera fase de viaje interestelar donde el expedicionario debe bañarse en un gel que absorbe la aceleración de la nave (el movimiento del lujo). Esto cambia la estructura del gel, que se espesa para absorber los choques (idéntica la estructura de anillo físico). Así que la etapa siguiente. Se trata de una prenda de vestir (EEWE), cuya función en estado de shock (lujo de movimiento) es nadar en (identikit- cado con) un ciclo de funcionamiento de la intensificación y den- sificación de la estructura del gel (ciclos de la estructura material).

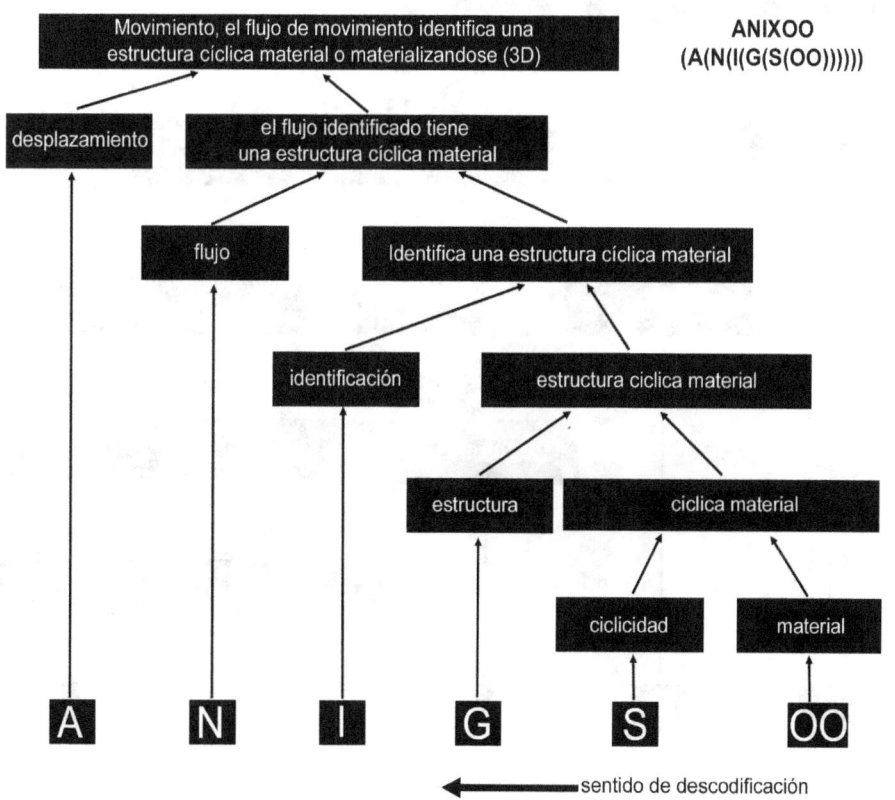

OEMMII (ser humano)

La filosofía de Ummo considera que el ser humano es la suma del cuerpo humano físico, incluidos el encéfalo (cerebro), el centro del intelecto y de su inmaterial «alma» o «espíritu» que dicta su conducta moral.
El cuerpo humano es el concepto de fonética «oemi». La sintaxis OEM expresa el concepto general del cuerpo (cuerpo químico, cuerpo celeste, etc...).

En este caso, la sintaxis OEMII es descifrado como (O) = entidad, (E) = concepto, (M) = conjunto, (II) = límite.
Literalmente se traduce como «la entidad tiene un concepto conjunto delimitado «, en otras palabras, «el cuerpo delineado» o « entidad delineada».
Cuando tenemos la intención de hablar de un ser humano como la suma del cuerpo humano físico unido a su «alma» se utiliza la palabra OEMMII.
En este caso, es descifrado como (O) = entidad, (E) = concepto, (MM) = inseparable, (II) = límite.

Que se transcribe literalmente como «la entidad tiene un concepto conjunto inseparablemente de un límite», brevemente, con la ayuda del contexto Ummita que lo traduce como «el cuerpo inseparable del alma».

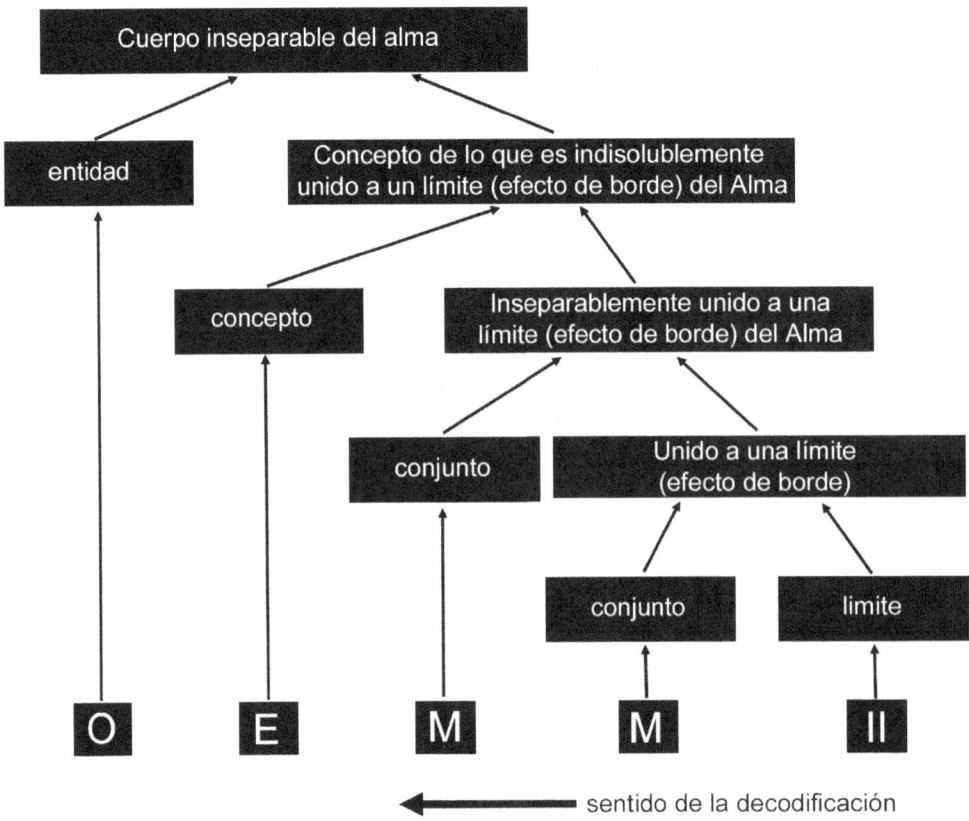

Lejos de todo lo que se ha dicho sobre el trabajo llevado a cabo por D. R. Denocla para encontrar un método para descifrar (*) y cuadros de fonemas (*). Nos damos cuenta de su carácter funcional y sus imbricaciones lógicas en el estilo de una concatenación. La red semántica de 17 fonemas básicos (*) es débil para expresar conceptos complejos. Es aún más, si tenemos que hablar sobre los sentimientos, expresiones artísticas o estéticas. Sin embargo, una primera aproximación está en funcionamiento y nos ofrece las claves para comenzar a examinar estos términos. En la actualidad, no hay texto Ummita que menciona las reglas o convenciones para transcribir sus ideogramas extraterrestre, en el alfabeto latino. Esto haría todo mucho más sencillo y nos permitiría entender esta lengua «exótica» o meta-idioma (*). Por el momento, podemos mostrar algunos de estos ideogramas con su transcripción fonética y significado. *"PRESENCIA 2 - El lenguaje y el misterio del planeta Ummo revelados", UMMO WORLD Publishing*

Números de Ummo en base 12 :

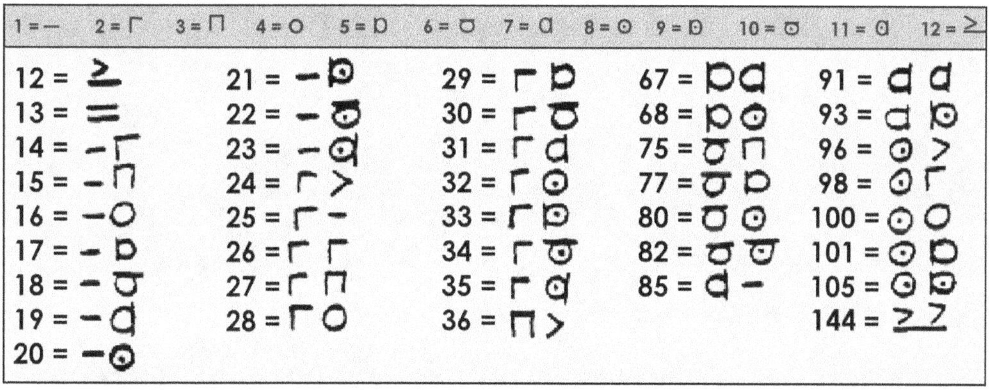

1 = —	2 = Γ	3 = Π	4 = O	5 = D	6 = ʊ	7 = Ⴉ	8 = ☉	9 = Ð	10 = ʊ	11 = Ⴉ	12 = ≥

12 = ≥	21 = –Ð	29 = ΓÐ	67 = Þⴀ	91 = Ⴉ Ⴉ
13 = =	22 = –ʊ	30 = Γʊ	68 = ÞO	93 = Ⴉ Ð
14 = –Γ	23 = –Ⴉ	31 = Γⴀ	75 = ʊΠ	96 = ⊙ >
15 = –Π	24 = Γ >	32 = ΓO	77 = ʊD	98 = O Γ
16 = –O	25 = Γ –	33 = ΓÐ	80 = ʊ⊙	100 = ⊙ O
17 = –D	26 = Γ Γ	34 = Γʊ	82 = ʊ ʊ	101 = ⊙ D
18 = –ʊ	27 = Γ Π	35 = Γⴀ	85 = Ⴉ –	105 = ⊙ Ð
19 = –Ⴉ	28 = ΓO	36 = Π >		144 = ≥≥
20 = –⊙				

Algunos ideogramas y sus significados:

Ideograma	Fonético	Significado	Ideograma	Fonético	Significado
 𐤔	ENMOO	medida lineal	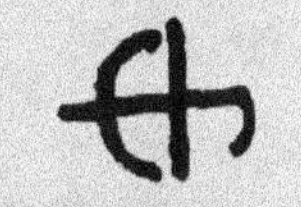 ⊕	WAALI	medida espacial
 ✦	UIW	medida de tiempo	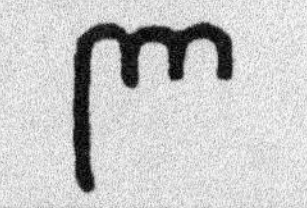 Γⲙ	?	
 𝓰𝓉λ	INOWI	fruta	 �..⊗	GOSEEE	medida espacial
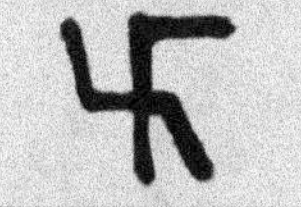 4F	BIEYAEYEODOO	memoria	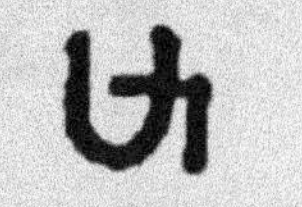 Ⴁ	XANMOUULAYA	micro ordenador
 Ⴘ	ESEE OA	pensamiento	 Φ	XAN ELOOWA	dispositivo informático

Conclusión general

Para la mayoría de nosotros, tomar conciencia de la importancia relativa de los ovnis, ha sido un calvario intelectual que fue difícil de superar, admitir la existencia de otras civilizaciones extraterrestres ha sido abismal, y darse cuenta de la presencia en nuestro suelo de algunas de ellas, un reto aún mayor.

Nuestro planeta ha sido visitado por civilizaciones extraterrestres durante miles de años. A los espíritus malhumorados le guste o no, es probable que nuestros antepasados establecieran contactos, cuyos restos, conservados por la tradición popular, se consideran aún como un enigma. Actualmente, las cosas han ido acelerándose. En la década de 1930, las ondas comenzaron a ser emitidas y muy pronto se convirtió nuestro planeta en muy «ruidoso». Unos quince años más tarde, cuando nuestro planeta estaba siendo devorado por una guerra mundial, se produjo un fenómeno cosmológico importante.

Los pliegues de nuestro cosmos hacen posible el viaje interestelar rápido. El tan ruidoso vecino terrenal se convirtió en un objeto de curiosidad. El triste espectáculo guerrerista de los terrícolas, lo que resultó en un holocausto termonuclear, se convirtió en motivo de preocupación para nuestros vecinos galácticos.

Esta biodiversidad maravillosa que nos envidian la mayoría de nuestros visitantes, podría desaparecer. De acuerdo a un código de ética universal, sólo la inminencia de una catástrofe global justiciara una intervención de gran alcance por su parte.

Por el momento, siguen siendo discretos, a veces ambiguos en cuanto a su presencia. ¡Pero sabemos que están allí, realmente allí!

GLOSARIO

Agroglyph, Círculo de la cosecha: El término agroglyph es un neologismo para los círculos en las cosechas. Un agroglyph es un área, en un campo de trigo y otros cultivos similares, en el que algunos de los tallos de las plantas se hayan doblado o presionado para formar diferentes figuras geométricas, algunos de ellos en tres dimensiones y otros de dos dimensiones. Estos modelos van desde el círculo simple, sólo unos metros de ancho, a composiciones que son varios cientos de metros de ancho.

Antigravitacional, antigravedad: es un término genérico para una forma de cancelar o control de la gravedad de la Tierra o la gravedad en general.

Bi-cosmos: Este término significa un cosmos doble, incluyendo el cosmos visible clásico, y un anti-cosmos muy denso. Se habla entonces de un cosmos (visible) y un (invisible) anti-cosmos.

Centimétrica: corresponde a una unidad de medida que es una centésima parte de un metro, para medir, por ejemplo, las ondas super alta frecuencia (SHF).

Descifrar: Utilizamos este término en relación con el lenguaje de Ummo en el sentido de traducir, y en un sentido lógico y matemático. Así es como nos acercamos al meta-lenguaje de Ummo.

Etnocidio: Se refiere a la desaparición de todas las características sociales y culturales de un grupo de seres humanos, la destrucción de su civilización por otro grupo étnico, más poderoso.

Exógenos: designa lo que es externo a un sistema dado.

Exoplanetarios, exoplanetas: en relación con cualquier otro planeta orbitando alrededor de una estrella distinta del sol.

Exosocial: se trata de cualquier tipo de organización social, exterior a la Tierra.

Exotecnológica: tecnología, exterior a la Tierra.

Gyrogravitación: Se deriva de la investigación sobre los giroscopios que, bajo ciertas circunstancias, afectan a la gravedad. El 8 de noviembre de 1974, Eric Laithwaite hizo una demostración de esto frente al Instituto Real Británico.

Hypermasas: Es la misma que la de la materia negra, un tipo no observable de alta densidad de la materia, constituyendo el 80 y el 90% de la densidad total del Universo observable.

Hiperespacial, el hiperespacio: representa un tipo protónico de anticosmos llamado aquí hiperespacio.

Ionización, ionizado: es la acción que consiste en la eliminación o la adición de las cargas a un átomo o molécula. El átomo - o molécula - en ganar o perder las cargas, no es eléctricamente neutro. Entonces se llama un ion.

Ionosfera: se utiliza para describir un área de la atmósfera situada entre 60 y 80 km de altitud. Se compone de un gas fuertemente ionizado, bajo una presión muy baja.

Isócrono, isocronicidad: lo que ocurre en intervalos de tiempo iguales. Aquí se trata de una línea en la que el tiempo es igual en cada punto.

Isodinámicos: Qué tiene la misma fuerza, la misma intensidad. Línea Isodinámica, una línea que conecta los puntos de la Tierra donde la influencia magnética es idéntica.

Lenticular: tiene la forma de una lente.

Golpe de luz: la exposición al calor del sol u otra fuente de calor. Aquí una fuente de calor que es lo suficientemente potente como para poder doblar los tallos de las plantas.

Macrocefálica: Con una gran cabeza.

Magneto-hidrodinámico: disciplina científica que describe el comportamiento de un fluido conductor de una corriente eléctrica (líquido ionizado o gas llamado plasma), en presencia de campos electromagnéticos.

Metalenguaje: describe tanto la sintaxis como la semántica del lenguaje de Ummo en letras latinas. Los términos utilizados son palabras que describen la relación entre nuestra propia lengua y el lenguaje real de Ummo escrito con ideogramas.

Modelización: se refiere al diseño de un modelo. El término se utiliza en diversas áreas, aquí estamos hablando de tetralógica, del modelo tetravalente.

Monoprotónico: tiene un solo protón.

OEMMII GAEOAO AIOOYAAE: término de Ummo para describir a todos los seres humanos de buena voluntad.

Fenocristales: una roca que se forma cuando el magma se enfría y se endurece. Puede o no incluir una cristalización completa de los minerales que lo componen.

Fonema: la unidad más pequeña distinta (en otras palabras, lo que permite distinguir las palabras entre sí), que puede ser aislada por la segmentación en la cadena hablada.

Sismográficos, sismografía: la ciencia que mide los terremotos gracias a los instrumentos de medición de movimientos de tierra en una dirección dada.

Superconductor, la superconductividad: fenómeno caracterizado por la ausencia de resistencia eléctrica y la cancelación del campo magnético (efecto Meissner) dentro de ciertos materiales que son llamados supercon-ductores.

Tetrafluoruro: un componente químico a base de fluoruro, señaló F4

Lógica tetravalente, tetralógica: Ésta es una lógica basada en cuatro valo-res, de acuerdo con el siguiente modelo: la existencia (1), la no existencia (0), la existencia y no existencia (0 y 1), ni la existencia ni la no existencia (ni 0 ni 1).

Toroidal, toroidal: Toroides son curvas paralelas al elipse. Forman un recinto cerrado sobre sí mismas. Aquí la forma toroidal se utiliza para crear un plasma de rotación y confinado en este recinto por un campo magnético por ejemplo. Sin embargo, son posible, otros usos para el toroide.

Triedro: En geometría, en el espacio, se utiliza para describir tres ejes X orientado, Y, Z. Aquí, la fuerza magnética, la fuerza electrostática y la gravedad componen estos tres ejes.

Vascularizado, vascular: En anatomía, los vasos sanguíneos son los cana-les que transportan y permiten que la sangre fluya por todo el cuerpo. Aquí estamos hablando de canales exotecnológicos que tienen la misma función. Sus naves espaciales son literalmente formadas por una red vascular.

Vasodilatación: describe la expansión de los vasos sanguíneos.

NO OLVIDES DEJAR
TU COMENTARIO EN AMAZON

BIBLIOGRAFÍA

La mayoría de las fuentes para los documentos de Ummo se pueden encontrar en:
http://www.ummo-sciences.org/
Algunas de las fuentes de documentos equivalentes también vienen de D. R. Denocla.
Conversaciones con Didier de Plaige - RADIO ICI y MAINTENANT 95.2FM en París, Francia - http://rimarchives.free.fr/ddp.htm
3 CD-ROM están disponibles en la radio, de lunes a viernes, sólo de
10 a.m.-7 p.m. (hora de París): +33 (0) 892 239 520
Entrevista de la presentación general de los 3 cuadernos de investigación sobre el archivo UMMO:
- La primera lengua extraterrestre que ha sido descifrada
- Los ovnis, los círculos de los cultivos y las civilizaciones extraterrestres
http://www.dailymotion.com/denocla/video/xmfas_denocla-le-langage-etdecode
Entrevista detallada de las hipótesis relacionadas con el archivo de UMMO:
Génesis: el universo, la vida, el hombre (1 ª parte)
http://www.dailymotion.com/denocla/video/xmfpu_denocla-lunivers-levivant-Lhomme-2
Conferencias de «Les Repas Ufologiques» de París:
http://www.les-repas-ufologiques.com/dates20et20les20lieu.htm
DVD disponible por los Sr. Gerard Lebat y Thierry Rocher
Publicaciones anteriores: http://www.denocla.com/Page8morpheus151.pdf
Artículos en el archivo de UMMO en el periódico Morpheus N ° 20, 21, 22, 23 accesible
en: http://www.morpheus.fr

Notas bibliográficas

http://www.cropcircleresearch.com/articles/arecibo.html
http://claudescommentary.com/special/chilbolton
http://www.fourmilab.ch/goldberg/arecibo_decoded.html
http://sapiensweb.free.fr/dossiers/4-cc02.html
http://imageevent.com/cropcirclerational/cropcircledecoded
http://www.yowusa.com/SCP_relay2/maurice01/maurice01.htm
http://www.solstation.com/stars/xibootis.htm
http://www.rr0.org/CropCircles.html
Excelentes fotografías Lucy Pringle
http://www.ummo-sciences.org
http://www.astronexus.com/3duniv/
http://lejournaldelufologie.free.fr/2002/Aout/CropBinaire/index.htm
http://www.cropcircleresearch.com/articles/alienface.html
7Epetracek/glyphs/about_uk02dl.html http://www.physi.uni-heidelberg.de/
http://fr.wikipedia.org/wiki/Sym A9trie_de_jauge

http://www.prweb.com/releases/2005/11/prweb314382.htm
http://ilfb.tuwien.ac.at/~tajmar

Thierry De Mees
A coherent gravitational theory, with double vectorial field (2003), Analytical
Method - Applications on cosmic phenomena - http://www.wbabin.net/physics/
tdm1f.pdf

Evgeny Podkletnov, Giovanni Modanese
Impulse Gravity Generator, 3 Aug 2001 (v1), last revised 30 Aug 2001.
http://www.arxiv.org/abs/physics/0108005v2

Stuart Clark
Gravity's Secret, New Scientist Magazine, 11 November 2006, pp. 36-39.
http://www.newscientist.com/channel/fundamentals/mg19225771.800

Costa de Beauregard Olivier
L'hypothèse de l'effet gravitationnel de spin. Séminaire Janet. Mécanique ana-
lytique et mécanique céleste, 1958-1959, Lecture No. 5, 10p.,
http://www.numdam.org/numdam-bin/fitem?id=SJ_1958-1959_2_A5_0

F.S. Felber
Exact Relativistic Antigravity Propulsion, 19 May 2005 (v1), last revised 7 Jun
2005, 4 pages.
http://arxiv.org/abs/gr-qc/0505099

Tajmar, M and de Matos C.J.
Gravitometric Field of a Rotating Superconductor and Superfluid, submitted to
Physica C (also Los Alamos gr-qc/0203033)

Arkhani-Hamed, Nima
The Hierarchy Problem and New Dimensions at a Millimeter, 1998, archive
from e-Print arXiv.org

Randall, Lisa
1999, archive d'e-Print asXiv.org - Original Paper of the commonly called
Raman-Sundrum I.
An Alternative to Compactification, 1999 archive from e-Print arXiv.org - Origi-
nal
Paper of the commonly called Raman-Sundrum II.

Brax, Philippe
Cosmology and Brane Worlds: A Review, 2003, archive from e-Print arXiv.org -
Pedagogical Review of the cosmological consequences of a branaria
an introduction to Branarian cosmology.

Langlois David
Brane Cosmology: An Introduction, 2002, archive from e-Print arXiv.org - These notes (32 pages) are an introduction to Branarian cosmology.

Papantonopoulos, Eleftherios
Brane Cosmology, 2002, archive from e-Print arXiv.org - Notes (24 pages) of a course given at the First Aegean Summer School on Cosmology, Samos, September, 2001.

MEESSEN A, Physics Professor at the U.C.L., In-Depth Analysis of the Mysterious Recordings of the F-16 Radars, Article (in French) published in Number 97 of the Inforespace Review - December 1998

Bernard Thouanel
Unidentified Flying Objects, (in French) Editions Albin Michel, 1997

Andrei Sakharov
Complete Scientific Works, (in French) Editions Anthropos

BOUNIAS
1973, Arabidopsis Inf. Serv. 10, pp. 26-28 & 1975, Can. J. Bot., 53, pp.708-719.

THUAN Trinh Xuan
«The Secret Melody», (in French), Éditions Fayard Collection 1988.

Centre National d'Etudes Spatiales (French National Space Studies Center) Group of Studies of non-Identified Aerospatial Phenomena, Investigation 81/01, Analysis of a trace, technical note n° 16, Ed. CNES, 1983 - http://www.cnes-geipan.fr/documents/nt16_enquete_81_01.pdf

RIBES Jean-Claude, MONNET Guy,
Extraterrestrial Life (in French), Editions Larousse, 1990.

Levengood, W.C. & Talbott, Nancy P.
«Dispersion of Energies in Worldwide Crop Formations», Physiologia Plantarum 105:615-624 & Levengood, W.C. (1994) «Anatomical Anomalies in Crop Formation Plants», Physiologia Plantarum 92, 356-363.

Imprimé par Graphic Systems
69 rue de la Chapelle Saint Antoine
95300 ENNERY
octobre 2012
Imprimé en France